连山　编著

一生气
你就输了

YI SHENG QI NI JIU SHU LE

中国华侨出版社
·北京·

前 言

生活中，我们往往会为了一些人和事生气：当我们工作不顺心的时候，我们会生气；当我们被别人误解的时候，我们会生气；当我们看到不顺眼的做法的时候，我们会生气；当我们无法接受一些社会舆论时，我们会生气；此外，还会为塞车、为天气、为股票、为别人的态度、为自己的遭遇等生出种种怒气、闷气、闲气、怨气、赌气、小气、窝囊气，仿佛我们的人生总有生不完的气。然而生了气之后，问题就消失了吗？不，生的气越大，局面反而会更加恶化，甚至一发不可收拾。因生活遭受磨难而生气的人，只会每天愁眉不展、更加穷困潦倒；因得不到升迁和重用而生气的人，只会牢骚满腹、惹得人人侧目，以致完全失去被扶起来的可能性；因与别人话不投机而生气的人，气的是自己，伤的同样是自己。生气让我们在工作、生活和待人接物上损失极大，不仅让我们变得烦躁，而且使我们的心胸越来越狭窄。我们生活的质量取决于我们对生活是否有平和的态度，而生气浪费了我们最宝贵的资本。

生气不但扰乱我们的心境，恶化我们的人际关系，更为严重的是，生气还会摧残我们的身体健康。生气加速我们的衰老，是一种慢性的自杀方式。美国生理学家爱尔马做过一个实验，他收集了人们在不同情况下的"气水"，即把人在悲痛、悔恨、生气和心平气和时呼出的"气水"做对比实验。结果证实，生气对人体危害极大。他把心平气和时呼出的"气水"

1

放入有关化验水中沉淀后，无杂质、无颜色，清澈透明；悲痛时呼出的"气水"沉淀后呈白色；悔恨时呼出的"气水"沉淀后则为乳白色；而生气时呼出的"气水"沉淀后为紫色。把"生气水"注射到大白鼠身上，几分钟后大白鼠就死了。由此，爱尔马分析：人生气10分钟会耗费大量人体精力，其程度不亚于参加一次3000米赛跑；生气时的生理反应十分剧烈，分泌物比任何情绪时都复杂，都更具有毒性。实验告诉我们：生气是一种极具破坏性的情绪，长期被这种情绪困扰就会导致身心疾病的发生。哲学家康德说"生气是拿别人的错误来惩罚自己"，这话一点不假。

人们常说："别动气，动气就损了精气；别生气，生气就坏了元气；别斗气，斗气就伤了和气；宜忍气，忍气便能神气。"其实，一切情绪都来源于我们自身，要知道，我们自己是一切情绪的创造者，没有你的同意谁也别想让你生气。因此，与其让别人的错误来惩罚自己，还不如给别人台阶下，或者就当是过眼云烟，一笑了事罢了。这样，既不伤害自己的身体，又能保持良好的心境和人际关系，何乐而不为呢？诚然，我们不可能像圣人那样做到完全无贪无嗔无痴，但是我们可以学习不生气的智慧，在人生低谷时奋起，在痛苦时不去计较，在愤怒时选择冷静，在执迷时敢于放弃，在贪婪时懂得节制，在受辱时能够宽容，在争执时懂得忍让，在遭遇死角时懂得变通，在失意时学会忘记，时时用感恩的心看待世界，用感恩的心做人做事，这样我们就能远离生气，不再让生气损害我们的身心，而以积极健康的心态面对人生。

目 录

第一章　煤气罐就是这样爆炸的，生气很危险

第二章　拿别人的错来惩罚自己，你得有多傻

第一章

煤气罐就是这样爆炸的，生气很危险

爆发的愤怒是地狱之火

愤怒是一座活火山，它爆发的时候，会将一切美好化为灰烬。

生活中，常有这样那样的事令我们心生愤怒，而在我们火冒三丈的时候，伤害的不仅是别人，更是我们自己。世间万物，危害健康最甚者，莫过于怒气，"气"乃一生之主宰，与人体健康关系甚密。若"心不爽，气不顺"，必将破坏机体平衡，导致各个部分器官功能紊乱，从而诱发各种疾病和灾难。所以《黄帝内经》就明确指出："百病生于气矣。"

生气和发怒是身心健康的最大障碍。

控制自己的情绪，并冷静地应对一切，这是控制人性中不良因素的体现。为小事动怒、为小事发狂是我们很多人都会犯的毛病。遇事不能冷静思考，而是一味地发怒，并不能将问题很好地解决。

当你遇到不愉快的事情时，请先冷静下来。你必须承认生活中会有不公正的存在，任何人都不是完美的，任何事情都不会完全按照自己的意愿进行。

人经常不能控制自己的怒气，为了生活中大大小小的事情勃然大怒或者愤愤不平，愤怒由对客观现实某些方面不满而生成，比如，遭到失败、遇到不平、个人自由受限制、言论遭人反对、无端受人侮辱、隐私被人揭穿、上当受骗等多种情形下人都会产生愤怒情绪。表面看起来这是由于自己的利益受到侵害或者被人攻击和排斥而激发的自尊行为。其实，用愤怒的情绪困扰灵魂，乃是一种自我伤害。

对身体健康的伤害只是其中一个方面，愤怒对于灵魂的摧残尤为严重。由灵魂而生的愤怒情绪，又回过头来伤害灵魂本身，让灵魂变得躁动不安，失去原有的宁静和提升自己的精力和时间，这是灵魂的一种自戕。

古代的皮索恩是一个品德高尚、受人尊敬的军事领袖。一次，一个士兵侦察回来，当皮索恩问到和他一起去的另一个士兵去哪儿了时，这个士兵吱吱呜呜说了半天，也没能说清楚另一个士兵的下落。皮索恩对此感到愤怒极了，当即决定处死这个士兵。

就在这个士兵被带到绞刑架前即将动刑时，那个失踪的士兵回来了。这本来是一件令人喜悦的事情，这位受人尊敬的领袖却不这样认为，他认为这是不能容忍的事情，令他颜面扫地，羞愧让他更加暴怒，最终结果让人十分痛心，他竟处死了 3 个人。

在这位军事领袖的身上，令人遗憾和痛心地表现出了愤怒摧毁理智的现象。而理智正是灵魂的高贵所在，如果人们任由灵魂自我伤害而不进行干预，这种无动于衷该有多么的悲哀。

正如思想家蒲柏所说："愤怒是由于别人的过错而惩罚自己。"文学家托尔斯泰也说："愤怒对别人有害，但愤怒时受害最深者乃是本人。"

我们愤怒于别人的言行，让愤怒占据了大部分的灵魂空间，灵魂负载着重担，再无法关照自身，更不能得到任何形式的提升，反而在愤怒情绪的支配下更加容易丧失理智，甚至越来越远离人的高贵，接近于动物的蒙昧和愚蠢。

结果，导致我们愤怒的人与事依然故我，他们继续做着想做的事，享受着愉悦的心情；

结果，因为愤怒，我们无法专注于眼前的工作，没能很好地履行自己的职责；

结果，我们只顾着愤怒，而无暇体验生命中原本存在的其他美和善。

折磨我们的是自己的愤怒情绪，而非别人的一些令人愤怒的行为。控制自己的愤怒情绪，从而避免让灵魂受到伤害，是完全在我们的力量范围之内的。

做人做事过于情绪化表明这个人心智还不够成熟。当你怒火中烧的时候，一定要克制自己的情绪。当你被愤怒控制，处于激动之中，会做出许多让你懊悔的事情。所以，为了避免被暴力、乖张、嫉妒、愤怒等不良情绪控制，我们要学会用感恩、知足、惭愧、反省、乐观等观念来控制情绪。

愤怒，是安宁生活的阴影

有一个重要的谈判正在等着你，可交通比平时还要拥挤，车子几乎走不动，你连等了6个红绿灯，终于，你要开过去了，突然一辆卡车闯到你的前面，你狂按喇叭，那个司机回敬你一丝嘲笑，然后加大油门，飞驰而去。

在超市排队结账时，一个女顾客推着装得满满的购物车插队在你前面，你跟她理论。她却对你不理不睬，紧接着，她强壮的男朋友出现了。

你为了一个至关重要的项目辛苦几个月，而你懒散的同事却得到了提升，你的同事不仅没有对你表示感谢，还在背后嘲笑你。

遇到这些情况，相信你一定会大为光火，如果是这样，就说明愤怒的情绪已经影响到了你的生活。

如果我们的心中存在不满，就总想找地方发泄出去，而最为直接的发泄方式就是发脾气。很多人认为，发脾气是最好的发泄方式，因为如果事情一直憋在心里，很容易憋出病来。可是宣泄出去了，心里就得到了放松，情绪上也会趋向平稳了。可是这样的说法是错误的。因为我们每个人都是相互影响的，一个人的怒火在发脾气中得到了释放，那么必定会有其他人受到这种不良情绪的影响，身心都受到了委屈。如果每个人都选择用发脾气的方式来宣泄自己，那么这个世界恐怕再无和平和安宁了。

一公司老板因急于赶时间去公司，结果连续闯了两个红灯，被警察扣了驾驶执照。他感到十分沮丧和愤怒。于是这位老板抱怨说："今天活该倒霉！"

到了办公室，他把秘书叫进来问道："我给你的那五封信打好了没有？"她回答说："没有。我……"

老板立刻火冒三丈，指责秘书说："不要找任何借口！我要你赶快打好这些信。如果你办不到，我就交给别人，虽然你在这儿干了3

年，但并不表示你将终生受雇！"

秘书用力关上老板的门出来，抱怨说："真是糟透了！3年来，我一直尽力做好这份工作，经常加班加点，现在就因为我无法同时做好两件事，就恐吓要辞退我，真是过分！"

秘书回家后仍然在发怒。她进了屋，看到8岁的孩子正躺着看电视，短裤上破了一个大洞。愤怒之下，她嚷道："我告诉你多少次了，放学回家不要去乱跑，你就是不听。现在你给我回房间去，晚饭也别吃了。以后3个星期内不准看电视！"

8岁的儿子一边走出客厅一边说："真是莫名其妙！妈妈也不给我机会解释到底发生了什么事，就冲我发火。"就在这时，他的猫走到面前。小孩狠狠地踢了猫一脚，骂道："给我滚出去！你这只该死的臭猫！"

从这个故事中我们看出：本来是一个人的愤怒，可是经过了多番的传递，最后竟然将怒气转嫁到了猫的身上。这只猫没有办法像人类一样发泄自己的不满，否则这样的情绪传递估计就没有尽头了。所以，在面对自己的不良情绪时，要尽可能地想办法控制，而不是直接发泄出去。

当然，这里说的"控制"，不是说让你有什么事情都不说，有什么委屈也都不去反抗，而是将大事化小，小事化无。试想，我们每天都会面对很多人，经历很多事情，如果因为别人不小心踩了自己一下，就觉得受到了莫大的委屈，之后就要大发脾气，那不是太不值得了吗？

既然我们每个人都能影响别人和受别人影响，那么我们何不放下心中的怒火，给别人一片安宁呢？这样，我们从别人那里得到的，也将是一种安宁。

缺乏忍耐，容易冲动

冲动是一种突发的，很难控制的情绪。但尽管如此，你也一定要牢牢控制住它。否则一点细小的疏忽，可能贻害无穷。

有一个富人脾气很暴躁，常常得罪人，而事后又懊恼不已，所以一直想将这暴躁的坏脾气改掉。后来，他决定好好修行，改变自己，于是花了许多钱，盖了一座庙，并且特地找人在庙门口写上"百忍寺"三个大字。

这个人为了显示自己修行的诚心，每天都站在庙门口，一一向前来参拜的香客说明自己改过向善的心意。香客们听了他的说明，都十分钦佩他的用心良苦，也纷纷称赞他改变自己的决心。

这一天，他一如往常站在庙门口，向香客解释他建造百忍寺的意义时，其中一位年纪大的香客因为不认识字，向这个修行者询问牌匾上到底写了些什么。修行者回答香客，牌匾上写的三个字是"百忍寺"。香客没听清楚，于是又问了一次。这次，修行者有些不耐烦地又回答了一遍。等到香客问第三次时，修行者已经按捺不住，很生气地回答："你是聋子啊？跟你说上面写的是'百忍寺'，你难道听不懂吗？"香客听了，笑着说："你才不过说了三遍就忍受不了了，还建什么'百忍寺'呢？"

修行者无语。

修行者修的是心宁性平和，首要的就是要会忍，如果连忍都做不到，又如何称得上是修行者。因此，只有在生活中懂得控制自己的情绪，懂得平和地对待他人，才能做到百忍而不怒。

人们常说，"冲动是魔鬼"。日常生活中，许多人都会在情绪冲动时做出令自己后悔不已的事来。因此，学会有效管理和调控自己的情绪，是一个人走向成熟的标志，也是职场上迈向成功的重要基础。

业绩优秀的员工和业绩一般的员工，在"情绪控制能力"方面有明显差异，心理特征甚至对能否胜任某一岗位起到了决定性作用。近两年，美国心理学界也在进行相关的"情绪管理"研究。研究表明，能够控制情绪是大多数工作的一项基本要求，尤其在管理、服务行业更是如此。同样，在中国这样一个自古讲究"君子之交"的社会中，学会自我调节，是保持良好人际关系，获取成功的一个重要条件。

《黄帝内经》中说，人有七情六欲，喜伤心，怒伤肝，忧伤肺，思伤脾，恐伤肾。可见，情绪反应是人们正常行为的一方面，但用情过度会伤害身体。很少有人生来就能控制情绪，但日常生活中，人们应该学着去适应。首先，在遇到较强的情绪刺激时，应采取"缓兵之计"，强迫自己冷静下来，迅速分析一下事情的前因后果，再采取行动，尽量别让自己陷入冲动鲁莽、简单轻率的被动局面。

人不可能永远处在好情绪之中，生活中既然有挫折、有烦恼，就会有消极的情绪。一个心理成熟的人，不是没有消极情绪的人，而是善于调节和控制自己情绪的人。

冲动的情绪其实是最无力的情绪，也是最具破坏性的情绪。许多人都会在情绪冲动时做出使自己后悔不已的事情来，因此，应该采取一些积极有效的措施来控制自己冲动的情绪。

首先，调动理智控制自己的情绪，使自己冷静下来。在遇到较强的情绪刺激时应强迫自己冷静下来，迅速分析一下事情的前因后果，再采取表达情绪或消除冲动的"缓兵之计"，尽量使自己不陷入冲动鲁莽、简单轻率的被动局面。比如，当你被别人无聊地讽刺、嘲笑时，如果你顿显暴怒，反唇相讥，则很可能引起双方争执不下，怒火越烧越旺，自然于事无补。但如果此时你能提醒自己冷静一下，采取理智的对策，如用沉默为武器以示抗议，或只用寥寥数语正面表达自己受到的伤害，指责对方无聊，对方反而会感到尴尬。

其次，用暗示、转移注意法。使自己生气的事，一般都是触动了自己的尊严或切身利益，很难一下子冷静下来，所以当你察觉到自己的情绪非常激动，眼看控制不住时，可以及时采取暗示、转移注意力等方法自我放松，鼓励自己克制冲动。言语暗示如"不要做冲动的牺牲品""过一会儿再来应付这件事，没什么大不了的"等，或转而去做一些简单的事情，或去一个安静平和的环境，这些都很有效。人的情绪往往只需要几秒钟、几分钟就可以平息下来。但如果不良情绪不能及时转移，就会更加强烈。比如，忧愁者越是朝忧愁方面想，就越感到自己有许多值得忧虑的理由；发怒者越是想着发怒的事情，就越感到自己发怒完全应该。根据现代生理学的研究，人在遇到不满、恼怒、伤心的事情时，会将不愉快的信息传入大脑，逐渐形成神经系统的暂时性联系，形成一个优势中心，而且越想越巩固，日益加重；如果马上转移，想高兴的事，向大脑传送愉快的信息，争取建立愉快的兴奋中心，就会有效地抵御、避免不良情绪。

最后，在冷静下来后，思考有没有更好的解决方法。在遇到冲突、矛盾和不顺心的事情时，不能一味地想要逃避，还必须学会处理矛盾的方法。

只要你领悟了人类情绪变化的奥秘，对于自己千变万化的个性，就不会再听之任之。你已经知道，只有积极主动地控制情绪，才能掌握自己的命运。

你控制自己的情绪，你掌握自己的命运，你就能成为世界上最伟大的成功人士！

杀人不见血的"气"

世间万事，危害健康最甚者，莫过于愤怒。诸如：咆哮如雷的"怒气"、暗自忧伤的"闷气"、牢骚满腹的"怨气"、有口难辩的"冤枉气"等。"气"与人体健康关系密切。若"心不爽，气不顺"，必将破坏机体平衡，导致各部分器官功能紊乱，从而诱发各种疾病。所以《内经》就明确指出："百病生于气矣。"

美国生理学家爱尔马为了研究情绪状态对人体健康的影响，设计了一个很简单的实验：把一支玻璃试管插在装有冰水混合物的容器里，然后收集人们在不同情绪状态下的"气水"。研究发现：当一个人心平气和时，他呼吸时水是澄清透明无杂的；悲痛时水中有白色沉淀；悔恨时水有乳白色沉淀；生气时水有紫色沉淀。爱尔马把人在生气时呼出的"气水"注射到大白鼠身上，12分钟后，大白鼠死了。由此，爱尔马分析认为："人生气时的生理反应十分强烈，分泌物比任何情绪时都复杂，都更具有毒性。因此容易生气的人很难健康，更难长寿。"

震惊于实验结果的同时，我们更要清楚，我们每个人面对生活中的各种困惑、烦忧时，都应该学会宽容、学会理解、学会忍让、避免愤怒，牢记"气大伤身"，用宁静博爱的心态，对待世事是非，烦恼自会远离。哲人说：生气，其实就是拿别人的错来惩罚自己。

　　不错，何必为别人背沉重的情绪包袱？何必为别人犯下的错误承担责任？其实，人只要肯换个想法，调整一下态度，或者转移一下视角，就能让自己有一个新的心境。只要我们肯稍作改变，就能抛开坏心情，迎接新的处境。

　　我们不能让自己的情绪控制自己，我们必须学习"转念""少点积怨，多点包容""多洒香水，少吐苦水"，让愤怒情绪远离，而用乐观的思绪来迎接人生。

　　控制自己的愤怒的确是件非常不容易的事情，因为我们每个人的心中永远存在着理智与情感的斗争。如同所有的习惯一样，控制冲动也是一种经过训练而得到的能力。要具备这种能力，有两个基本方法：第一，你必须不断地分析你的行动可能带来的后果；第二，你必须让自己为了获得最大的利益而行动。

　　从前，有一名叫爱地巴的人，每次生气和人起争执的时候，就以很快的速度跑回家去，绕着自己的房子和土地跑三圈，然后坐在田地边喘气。

　　爱地巴工作非常勤劳努力，他的房子越来越大，土地也越来越广，但不管房地有多大多广，只要与人吵架生气，他还是会绕着房子和土地绕三圈。

　　爱地巴为何每次生气都绕着房子和土地绕三圈？所有认识他的

人，心里都很疑惑，但是不管怎么问他，爱地巴都不愿意说明。

直到有一天，爱地巴很老了，他的房地也已经非常广大了，有一次他生气，挂着拐棍艰难地绕着土地和房子走，等他好不容易走完三圈，太阳都下山了，爱地巴独自坐在田边喘气。

他的孙子在身边恳求他："阿公，您已经这么大年纪了，这附近地区的人也没有谁的土地比你更广大，您不能再像从前那样，一生气就绕着土地跑了！您可不可以告诉我这个秘密，为什么您一生气就要绕着土地跑三圈？"

爱地巴禁不起孙子恳求，终于说出隐藏在心中多年的秘密。

他说："年轻时，我一旦和人吵架、争论、生气，就绕着房地跑三圈，边跑边想，我的房子这么小，土地这么小，我哪有时间，哪有资格去跟人家生气，一想到这里，气就消了，于是就把所有时间用来努力工作。"

孙子问："阿公，你老了，又成为最富有的人，为什么还要绕着房地走三圈？"

爱地巴笑着说："我现在还是会生气，生气时绕着房地走三圈，边走边想，我的房子这么大，土地这么多，我又何必跟人计较？一想到这儿，气就消了。"

现实生活中，我们要像爱地巴那样进行自我心理调整，用平易温和的方式，使自己能够在此情绪中抚慰自己。在愤怒的时候，安抚自己的内心远比找其他的人发泄来得高明。不生"气"难做到，但并不意味着没有解决的办法。

在不幸面前，应保持冷静的思考和稳定的情绪，遇事冷静，客观地做出分析和判断。

　　要多方面培养自己的兴趣与爱好，如书法、绘画、集邮、养花、下棋、听音乐、跳舞、打太极拳等，可以修身养性、陶冶情操。

　　要有自知之明，遇事要尽力而为，适可而止，不要好胜逞能而去做力所不能及的事。不要过于计较个人的得失，不要常为一些鸡毛蒜皮的事发火，愤怒要克制，怨恨要消除。保持和睦的家庭生活和良好的人际关系、邻里关系，这样在遇到问题时可以得到各个方面的支持。

　　一个拥有平和心态的人，在各个方面都会顺其自然，不在意太多，并总能找到排解愤怒的渠道。

愤怒有信号，多加观察

　　有人这样说：如果你愤怒，就说明你遇到了麻烦，或者出现了问题；但也有人说：只要愤怒是事出有因的，就不会有什么问题。其实，愤怒情绪有迹象可循。不管愤怒的爆发是否意味着爆发者出现问题，只要留意愤怒爆发前的信号，并能对将要愤怒的反应和感觉保持高度敏感，就可能及早平息即将爆发的愤怒情绪。

　　因此，要随时留意愤怒的迹象，在愤怒的时候，人们的手往往会不知不觉地攥成拳头，不停地走来走去，或嘴里不停念叨、诅咒，或紧咬牙关，所以，我们应在平常多留心观察自己是否会流露出这些小动作。

　　吉姆的妻子希望丈夫可以变得更加善于表达自己的情感，以使他们的婚姻关系更加亲密。吉姆听从了妻子的建议，不久之后，他逐渐变得善于表达自己，他甚至把多年来压在心底的各种情绪都向妻子表达出来。

妻子对吉姆的做法感到非常不满，甚至愤怒。为此，二人前去咨询心理医生。妻子说："吉姆现在整天说我让他多么生气，我烦透了。""不是你希望他更善于表达自己吗？"医生反问说。吉姆的妻子解释说自己只是想听一些正面的情绪，而不是整天听丈夫说他自己有多生气，生气是他的问题，可以不要说出来。

医生说，其实，吉姆现在很难控制自己的情绪，特别是没有在愤怒初期就控制好它而导致大怒，他仍然不善于表达自己的情绪。医生建议他们努力去发现对方愤怒的信号，共同解决问题。在医生和妻子的帮助下，吉姆再也不会轻易地生气了。

像吉姆一样，留心捕捉愤怒的信号，才更有利于控制自己的情绪。俗话说："当断不断，必受其乱。"同样的道理，愤怒时应立即采取措施。当我们发现自己发怒的信号时，可以通过数数，从1数到10，先让自己平静下来。但是，90%的人在快要发怒时往往没有立即采取措施，以致愤怒很快就会升级到暴怒。不能任愤怒等情绪自然而然地发展，越早控制住自己的愤怒越好。

乔治和女朋友为一个周末共同制订了一些计划，但女朋友在未告知他的情况下擅自更改了计划，乔治为此感到闷闷不乐。他向一位心理专家咨询解决方法。专家听了他的诉说，说如果把生气的程度分为10个等级，问乔治当他听说女朋友改变主意时有多不高兴。

乔治说大约4级。

专家把1级到3级称为不高兴，把4级到6级称为愤怒。那么，乔治的4级就是愤怒了。乔治当时也没有把那种生气的感觉告诉女朋友。他经常把怒火藏在心里。"接下来发生了什么？"专家问。

"后来我们一起出去吃饭，等了半天，餐厅的饭菜还没有上来，这时我越来越生气。"乔治说那时自己的生气程度已经达到6级或者7级，离暴怒只有一步之遥。"后来你是怎么做的？"专家又问。

乔治说他当时只想让自己平静下来，但并未采取任何措施。随后就和女朋友去看棒球比赛了。后来，他们就在车里吵了起来。乔治当时非常生气，愤怒地一拳打在汽车的通风口上，把它打碎了。乔治说那时他生气的程度肯定有9级或10级。

上述案例中，乔治没有注意到自己愤怒的信号，没有把自己生气的情绪告诉给他的女朋友，进而发生的一连串事情让他越来越生气，以致到最后完全爆发，情绪由愤怒变为暴怒。

在生气程度的10个等级中，"不悦"和暴怒分别处在等级序列的两端。通常情况下，你不必为自己的"不悦"而操心。感到不悦一般不是什么问题，但前提是这种感觉不会往前发展。那么，怎样才能抑制它的不断发展呢？不妨这样去做：不要把情况想得过分严重，用正确的眼光对待问题。不要把一些问题个人化。或许别人根本没有意识到给你带来的不快，你应该意识到这并不是针对你本人。不要只想着指责别人，应该换位思考，从别人的角度看问题。不要总想着报复。把某事归咎于某人后，下一步往往就是报复对方。

遇到不开心的事，要去想想怎样做才能不让这种不悦的感觉升级为愤怒。千万不要让负面情绪进一步发展，这样只会让你变得愈加愤怒。要告诉自己：不要因为这些小事情让自己的心情变得糟糕，让自己怒不可遏。随时随地留意愤怒，关注愤怒，化解愤怒，才能保持快乐和幸福。

认为事情到了无法容忍的地步

许多人一遇到不合自己心意的事就觉得难以容忍，甚至动不动就开始发怒。但是只要你想成为一个理智的人，就必须做到控制住自己所有的情绪与行为，不能为一点小事就大发脾气。

美国研究应激反应的专家理查德·卡尔森说："我们的恼怒有80%是自己造成的。"这位加利福尼亚人在讨论会上教人们如何不生气。卡尔森把防止激动的方法归结为这样的话："请冷静下来！要承认生活是不公正的。任何人都不是完美的，任何事情都不会按计划进行。"也就是说，遇到不好的事情时，先冷静下来。只有内心平静了，才会发现事情没有你想象的那么糟。

从前有一个农夫，因为一件小事和邻居争吵起来，争论得面红耳赤，谁也不肯让谁。最后，农夫只好气呼呼地去找牧师，因为牧师是当地最有智慧、最公道的人，他肯定能断定谁是谁非。

"牧师，您来帮我们评评理吧！我那邻居简直不可理喻！他竟然……"农夫怒气冲冲，一见到牧师就开始了他的抱怨和指责。但当他正要大肆讲述邻居的过错时，被牧师打断了。

牧师说："对不起，正巧我现在有事，麻烦你先回去，其他的明天再说吧。"

第二天一大早，农夫又愤愤不平地来了，不过，显然没有昨天那么生气了。

"今天您一定要帮我评个是非对错，那个人简直是……"他又开始数落起邻居的恶劣。

牧师不快不慢地说："你的怒气还没有消退，等你心平气和后再说吧！正好我昨天的事情还没有办完。"

接下来的几天，农夫没有再来找牧师。有一天牧师在前往布道的路上遇到了他，他正在农地里忙碌着，心情显然平静了许多。

牧师问道："现在，你还需要我来评理吗?"说完，满脸微笑地看着农夫。

农夫羞愧地笑了笑，说："我已经心平气和了！现在想来那也不是什么大事，不值得生那么大的气，只是给您添麻烦了。"

牧师仍然心平气和地说："这就对了，我不急于和你说这件事情，就是想给你思考的时间，好让你消消气啊！记住不要在生气时说话或行动。"

很多时候怒气会自然消退，稍稍耐心等待一下，事情就会悄悄过去。

人是感情的动物，表达情绪是无可厚非的，但是，如果不加控制地任意表达愤怒情绪，我们就变成了情绪的傀儡。

古罗马诗人奥维德说："忍耐和坚持虽然痛苦，却能渐渐地为你带来好处。"的确，忍耐一下，三思而后行，冲动便会消失得无影无踪。

学会控制愤怒情绪，是情绪掌控高手的一大秘籍。尽量做到不生气、少生气，性格开朗，心胸开阔，宽宏大量，宽厚待人，谦虚处世。这样不仅有益于身心健康，也有利于提高自己的道德修养和思想水平，于人于己都有益而无害。

不要落入别人挖设的陷阱

人的情绪中有两大暴君，其中之一就是愤怒，它常常与单枪匹马的理性抗衡，然而人的激情远胜于人的理性。不去生气的人是聪明的，一个人必须学会自我调控，否则就会落入别人挖设的陷阱。

1809 年 1 月，拿破仑从西班牙战事中抽出身来匆忙赶回巴黎。他的间谍告诉他外交大臣塔里兰密谋造反。一抵达巴黎，他就立刻召集所有大臣开会。他坐立不安，含沙射影地点明塔里兰的密谋，但塔里兰没有丝毫反应，这时候，拿破仑无法控制自己的情绪，忽然逼近塔里兰说："有些大臣希望我死掉！"但塔里兰依然不动声色，只是满脸疑惑地看着他，拿破仑终于忍无可忍了。

他对着塔里兰粗鲁地喊道："我赏赐你无数的财富，给你最高的荣誉，而你竟然如此伤害我，你这个忘恩负义的东西，你什么都不是，只不过是穿着丝袜的一只狗！"说完他转身离去了。其他大臣面面相觑，他们从来没有见过拿破仑如此暴怒。

塔里兰依然一副泰然自若的样子，他慢慢地站起来，转过身对其他大臣说："真遗憾，在座的各位绅士，如此伟大的人物竟然这样没礼貌。"

皇帝的暴怒和塔里兰的镇静自若像瘟疫一样在人们中间传播开来，拿破仑的威望迅速降低了。

伟大的皇帝在盛怒下失去冷静，人们开始感觉到他已经走下坡路了，如同塔里兰事后预言："这是结束的开端。"

塔里兰激起了拿破仑的怒气，让他的情绪失控，这正是他的目的。人人都知道了拿破仑是一个容易发怒的人，他已经失去了作为一个领导的权威，这种负面效果影响了人民对他的支持。面对大臣企图密谋造反这样的事，焦躁和不安只能起到相反的作用，这说明他已经失去了主宰大局的绝对权力。

其实，在这种情况下，拿破仑如果采用不同的做法，那结果便会大相径庭。他首先应该思考：他们为什么会反对自己？他也可以私下探听，从手下的士兵身上了解自己的缺陷，更可以试着争取他们回心转意支持他，或者甚至干脆杀掉他们，将他们下狱或处死，杀一儆百。所有这些策略中，最不明智的就是激烈攻击和孩子气的愤怒。

愤怒起不到威吓效果，也不会鼓励忠诚，只会引发疑虑和不安，地位也因此摇摇欲坠，暴露出自己的弱点，这种狂风暴雨式的爆发，往往是崩溃的先声。谋略和战斗力也会在愤怒的情绪中消散，所以永远保持客观与冷静的态度至关重要。

愤怒容易让人失去理智，他们把一点小事看得像天一样大，过于认真让他们夸大了自身受到的伤害。他们以为愤怒可以让自己在别人眼中更具有权力，其实不是这样的。他们不仅不会被认为拥有权力，反而会被认为缺乏理智，难成大气候。怒气会让你失去别人对你的敬意，会认为你缺乏自制力而更加轻视你。

如果愤怒的情绪已经产生，要做的不是控制和压抑，而是转变一个角度去思考，想想发怒的严重后果，这样你就能让自己冷静下来了。

别为无谓的小事抓狂

在生活中，经常动怒生气的人气量狭隘，不讨人喜欢，而"泰山崩于前而色不变"的人则备受人们喜爱。事实上，多数让我们产生急躁情绪进而发怒的事情只是一些不足挂齿的小事。

但生活中，人们往往容易为一点小事而使情绪失控，继而发怒，也正因为这样，往往会因小失大。

有一场举世瞩目的赛事，台球世界冠军已走到卫冕的门口。他只要把最后那个8号球打进球门，凯歌就奏响了。然而就在这时，不知从什么地方飞来一只苍蝇。苍蝇第一次落在握杆的手臂上。有些痒，冠军停下来。苍蝇飞走了，这回竟飞落在了冠军紧锁着的眉头上。冠军只好不情愿地停下来，烦躁地去打那只苍蝇。苍蝇又轻捷地脱逃了。

冠军做了一番深呼吸再次准备击球。天啊！他发现那只苍蝇又回来了，像个幽灵似的落在了8号球上。冠军怒不可遏，拿起球杆对着苍蝇击去。苍蝇受到惊吓飞走了，可球杆触动了8号球，8号球当然也没有进洞。按照比赛规则，该轮到对手击球了。对手抓住机会死里逃生，一口气把自己该打的球全打进了。

卫冕失败，冠军简直恨死了那只苍蝇。在观众的喧哗声中，冠军不堪重负，不久就结束了自己的生命。临终时他对那只苍蝇还耿耿于怀。

一只苍蝇和一个冠军的命运胶着在一起，也许是偶然的。倘若冠军能制怒，并静待那只苍蝇飞走，故事的结局或许可以重写。人们如果不能及时消除自己的愤怒情绪，必然也会被生活中的种种琐事困扰，为无谓的小事抓狂，甚至造成生命中的悲剧。

心智成熟的人必定能控制住自己的愤怒情绪与行为。当你在镜子前仔细地审思自己时，会发现自己既是你最好的朋友，也是你最大的敌人。

当你生气时，你要问自己：一年后生气的理由是否还那么重要？这会使你对许多事情得出正确的看法。

愤怒不能随心所欲

梁实秋说过："血气沸腾之际，理智不太清醒，言行容易逾分，于人于己都不宜。"富兰克林也说过："以愤怒开始，以羞愧告终。"《圣经》里也说："可以激动，但不可犯罪。可以愤怒，但不可含愤终日。"这就告诉我们要把握愤怒的度，愤怒要有底线，不可无顾忌地发怒，否则于人于己都不利。

我们都知道，愤怒往往是由于自己受到比较大的伤害，或者原本希望用理性的方式表达愿望，但在失望之后，才不得已采取了愤怒的方式。当然，社会允许你在一定范围内发泄情绪，也就是说愤怒是有底线的，因为极端的愤怒不是伤人就是伤己，有时还会造成两败俱伤的局面，它还会干扰人际关系，影响个人的思维判断，造成不可控制的后果。因而，正确理解愤怒的限度，才有可能把愤怒的苗头消灭在萌芽状态，特别是在愤怒发生时，正确地引导从而消解愤怒，解决矛盾，这才是最重要的。

伊凡四世是沙皇俄国的第一任沙皇，因为其残酷的执政手段，他被后人称为"恐怖的伊凡"，他同样也将这种恐怖的手段施之于平民百姓。

在他用军队征服了诺夫哥罗德之后，诺夫格罗德的居民因留恋自己独立开放的文明，他们仍习惯性地与立陶宛人、瑞典人进行贸易。尤其是在城市被侵占之后，这里的居民反抗、逃亡和袭击禁卫军的事件屡屡发生。伊凡知道这个小城市的居民袭击自己的军队之后，异常愤怒。他将其视为挑衅，并不停地咒骂，而且发布讨伐的命令。

他亲率禁卫军和1500名特种常备军弓箭手，于1570年1月2日来到诺夫格罗德城下。他命令士兵们在城市周围筑起栅栏，防止有人逃跑。教堂上锁，任何人不准入内避难。

之后在伊凡所在的广场，每天，大约有1000位市民，包括贵族、商人或普通百姓，被带到伊凡面前，不听取其任何的辩护，不管这些人有罪没罪，只要是诺夫格罗德城的人他就对其用刑。鞭打、裂肢、割舌头等各种残酷的刑法他都用尽。很多居民还被扔入冰冷的水里，浮出水面的人，伊凡就命令士兵用长矛将其活活地刺死。这场恐怖的屠杀共持续了5个星期，诺夫格罗德城大概有两万多人被屠杀，这场残酷的屠杀在历史上是非常罕见的，也是令人发指和痛斥的。

伊凡的残暴不仁，是因为他手中有可怕的权力，这是一个比较极端的例子，但是也能说明不受控制，没有底线的愤怒，就像愈烧愈烈的火焰一样，直到把身边的一切都烧毁。我们手中没有至高无上的权力，所以我们的愤怒不会大面积燃烧。但是，没有底线的愤怒还是会对我们身边的人造成伤害。

在愤怒的时候，人们往往容易冲动，大脑失去了理智的控制，造成不堪想象的后果。人们也常常用极端的方式来发泄自己的愤怒，以父母批评孩子为例，因为孩子的成绩不好或者表现不佳，父母有时对孩子大打出手，结果孩子不仅身体觉得疼痛，心理上也会受到伤害，他们可能会仇视父母，而且心理上还可能会埋藏下阴影，对其未来的发展非常不利。

因而，在"愤怒"的时候，要善于将愤怒的"冲动"变成"理性"的思考。当遇到不平的事情之后，可以愤怒，但是不能表现得太过激烈。激愤的时候要懂得控制自己的情绪，避免出现丑态，更不能恶语伤人，甚至出现暴力等过激行为。由于情绪失控而做出伤害别人的事情，日后要想弥补就很困难了。

第二章

拿别人的错来惩罚自己，你得有多傻

生气是拿别人的过错来惩罚自己

一位智者说过，生气是用别人的过错来惩罚自己的愚蠢行为。

从前，有一个妇人，常常为一些琐碎的小事生气。她也知道自己这样不好，便去求一位高僧为自己说禅解道，开阔心胸。

高僧听了她的讲述，一言不发地把她领到一座禅房中，落锁而去。妇人气得跳脚大骂，骂了许久，高僧也不理会。妇人又开始哀求，高僧仍置若罔闻。妇人终于沉默了。

高僧来到门外，问她："你还生气吗？"

妇人说："我在生自己的气，我怎么会到这地方来受这份罪。"

"连自己都不原谅的人怎么能心如止水？"高僧拂袖而去。

过了一会儿，高僧又来问她："还生气吗？"

"不生气了。"妇人说。

"为什么？"

"气也没有办法呀。"

"你的气并未消失，还压在心里，爆发后将会更加剧烈。"高僧又离开了。

高僧第三次来到门前，妇人告诉他："我不生气了，因为不值得生气。"

"还知道值得与不值得，可见心中还有衡量，还是有气根。"高僧笑道。

当高僧的身影迎着夕阳立在门外时，妇人问高僧："大师，什么是气呢？"高僧将手中的茶水倾洒于地。妇人视之良久，顿悟。随即叩谢而去。

何苦要气？气便是别人吐出而你却接到口里的那种东西，你吞下便会反胃，你不看它时，便会消散了。人生苦短，幸福和快乐尚且享受不尽，哪里还有时间去生气呢？人的一生难免会有不如意的事情，但不能动辄生气，将自己的精力耗费在不必要的事情上。

二十世纪三四十年代，一直敏于行、讷于言的巴金先生，也曾受过无聊小报、社会小人的谣言攻击。巴金先生有一句斩钉截铁的话："我唯一的态度，就是不理！"因为受害者若起而反击，"小人"反倒高兴了，以为他们编造的谣言发生了作用。

学者胡适先生在给友人的一封信中写道："我受了十余年的骂，从来不怨恨骂我的人。有时他们骂得不中肯，我反替他们着急；有时他们骂得太过火，反损骂者自己的人格，我更替他们不安。如果骂我而使骂者有益，便是我间接于他有恩了，我自然很情愿挨骂。"

巴金、胡适面对他人的辱骂所表现出的平静、幽默、宽容，不失为排除心理困扰、享受慢生活的妙药良方。

操纵你的是隐蔽在内部的情绪

如果有人冒犯你，请先不要愤怒，愤怒是不能解决任何问题的，只会让自己过于激动，没有办法运用理性正确地看清问题，被愤怒蒙蔽了双眼、蒙蔽了心灵，从而不能正确地看清事物的本质、判断事物的好坏，这是毫无益处的。其实真正打扰我们的不是别人的行为，别人的行为不会直接作用于我们身上，真正打扰我们的是我们自己的意见，只有我们自己的意见才会对我们的行动产生影响。所以，先放弃你对一个行为的判断吧，尝试一下下面介绍的方法，也许可以让你回归理性。

第一，思考一下你和人类的关系。所有的人类都是被神明派到世上来相互合作的，而你的位置被放在他们之上，就像是牛群中领头的公牛、羊群中领头的公羊一样。如果万物都不只是原子的聚合，那么自然必定就是支配所有事物的力量。那样的话，低级的事物必然是为高级的事物而存在的，而高级的事物之间又是彼此依存的。

第二，思考一下别人在用餐时、在睡觉时、在别的场合都是怎样的？他们遵从怎样的思想支配？在他们冒犯别人的时候，是带着怎样的骄傲？

第三，如果别人正在做着他们所做的事情时，我们不必感到不快；而人们有时候会出于无知而不知不觉地在做着不正当的事情。但对于他自己来说，他只是在追求他的真理，因为没有一个灵魂是会放弃追求真理的。他也不愿意被剥夺宇宙赐予他的为人处世的能力，所以当他由于无知犯错而被人指责不正直、背信弃义、贪婪的时候，他是很痛苦的。

第四，要想到，你自己也和他们一样，犯了很多不自觉的错误。也许你已经纠正了这种错误，但难保你不会再犯。何况你戒除这些错误，很大程度上还是出于不纯的动机，比如出于怯懦，或者害怕失去名誉，或者其他的原因。

第五，当你断定别人在做着不正当的事情时，你也要想一想你的判断是否正确，因为很多事情其中另有隐情。我们必须了解更多，才能对别人做出正确的判断。

第六，在你烦恼、愤怒和悲伤时，想一想生命是很短暂的，也许下一秒你就会死去。

第七，困扰我们的实际上并不是别人的行为，而是你对于这些行为的看法。那么消除这种看法，放弃那些认为某件事情是极恶的东西的判断，你的怒火就能够得到平息。那么怎么才能消除这种判断呢？只需要明白一个道理：就是别人的行为并不是你的耻辱，只有你自作的恶行才是你的耻辱。如果你为别人的行为也感到耻辱，那你就是在代替那些强盗或恶人受过了。

第八，要想一想，由于这种行为引起的烦恼和愤怒带给我们的痛苦，比这种行为本身带来的痛苦要多得多。

第九，保持一种和善的气质是令任何人都无法拒绝的，但要是真实的、发自内心的，而不是一种表面上故作的微笑。始终和善地对待他人，即使最暴躁无礼的人，也不会对你怎么样。在条件允许的情况下，你可以用一种温和的态度纠正他的错误，你要以这种语气说："孩子，不要这样，我们是被宙斯派到一起来共同合作的，他将不会让我受到伤害，而你却在伤害你自己。蜜蜂，还有其他的动物，都是这样，它们都不会像你这样伤害自己。"用这样的口吻，循循善诱地告诉他这些道理，不带着任何双重的意向，不带着任何斥责、怨恨的感情，亲切和善地关心他的感受，而不要做给旁人看。

按照上面的方法，你就会发现，只要自己恢复了平静和理性，那些打扰到我们内心的事物就几乎不存在了。可见，真正影响到我们的生活的，只是我们隐藏在自己内心深处的情绪。所以，只要能够控制住自己的内心，我们就掌握了人生的主动权。

火气太大，难免被打入恶者的行列

凡事不要冒火，不要记恨。看见公交车上年轻的小伙子旁边站着一个孕妇，可是那小伙子却丝毫没有让座的意思；看见恶人亨通，明明就没有好的品德，却能够吃好喝好……我们常常恼火，甚至对自己的家人都不能心平气和地说话。可是，当我们心怀不平的时候，一定要把火气压下去。即便你认为你自己的理由很充分，但是发火并不是解决问题的最好方法。

罗斯福深得其子女的爱戴，这是众所周知的。有一次，罗斯福的一位老友垂头丧气地来找罗斯福，诉说他的小儿子居然离家出走，到姑母家去住了。这男孩本来就桀骜不驯，这位父亲把儿子说得一无是处，又指责他跟每个人都处不好。

罗斯福回答说："胡说，我一点儿都不认为你儿子有什么不对。不过，一个人如果在家里得不到合理的对待，他总会想办法由其他方面得到的。"

几天后，罗斯福无意中碰到那个男孩，就对他说："我听说你离家出走，是怎么回事？"男孩回答："是这样的，每次我有事找爸爸，他都会发火。他从不给我机会讲完我的事，反正我从来没有对过，我永远都是错的。"

罗斯福说："孩子，你现在也许不会相信，不过，你父亲才真正是你最好的朋友。对他来说，你是这世上最重要的人。"

"也许吧！不过我真的希望他能用另一种方式来表达。"

接着罗斯福去告诉那位老友，发现几乎令其惊讶的事实，他果然正如其儿子所形容的那样暴跳如雷。于是，罗斯福说："你看！如果你跟儿子说话就像刚才那样，我不奇怪他要离家出走，我还奇怪他怎么现在才出走呢？你真是应该跟他好好谈一谈，心平气和地跟他沟通才是。"

跟孩子沟通需要的是耐性，因为孩子很少能理智地面对问题，如果我们强硬地表达自己的想法，那么等来的肯定是他们的不理解，并且很可能会加重他们的叛逆思想。当孩子对我们的不满越积越多的时候，在他们的眼里，我们也就成了恶人，再没有办法走入他们的世界了。

同理，在处理事情的时候，如果不能冷静地分析其中的缘由，提供解决问题的办法，而单单用呵斥和责骂来表达你的情绪时，很可能会招致对方的不满。尽管当时对方可能没有表达对你的恨意，可是时间久了，他们也可能对你的反感与日俱增。

火气越大的人越容易发怒，而愤怒常常让人失去了理智。如果长期被这种情绪控制，不仅会损害我们的身体，还可能在心理上形成焦躁、恼恨、嫉妒、粗暴等情绪，让我们的生活从此失去谦和的香气。

试想，如果一个人总是粗暴地对待别人，经常嫉恨别人，那么还会有人愿意跟他相处吗？所以，我们要适时控制自己的火气，别因为一时的冲动将自己打入恶者的行列。

愤怒既摧残身体又摧残灵魂

人经常不能控制自己的怒气，为了生活中大大小小的事情勃然大怒或者愤愤不平，愤怒由对客观现实某些方面不满而生成。

比如，遭到失败、遇到不平、个人自由受限制、言论遭人反对、无端受人侮辱、隐私被人揭穿、上当受骗等多种情形下人都会产生愤怒情绪。表面看起来这是由于自己的利益受到侵害或者被人攻击和排斥而激发的自尊行为，其实，用愤怒的情绪困扰灵魂，乃是一种自我伤害。

对身体健康的伤害只是其中一个方面，愤怒对于灵魂的摧残尤为严重。由灵魂而生的愤怒情绪，又回过头来伤害灵魂本身，让灵魂变得躁动不安，失去原有的宁静和提升自己的精力和时间，这是灵魂的一种自戕。

有一位得道高人曾在山中生活30年之久，他平静淡泊，兴趣高雅，不但喜欢参禅悟道，而且喜爱花草树木，尤其喜爱兰花。他的家中前庭后院栽满了各种各样的兰花，这些兰花来自四面八方，全是年复一年地积聚所得。大家都说，兰花就是高人的命根子。

这天高人有事要下山去，临行前当然忘不了嘱托弟子照看他的兰花。弟子也乐得其事，上午他一盆一盆地认认真真浇水，等到最后轮到那盆兰花中的珍品——君子兰了，弟子更加小心翼翼了，这可是师父的最爱啊！

他也许浇了一上午有些累了，越是小心翼翼，手就越不听使唤，水壶滑下来砸在了花盆上，连花盆架也碰倒了，整盆兰花都摔在了地上。这回可把弟子给吓坏了，愣在那里不知该怎么办才好，心想："师父回来看到这番景象，肯定会大发雷霆！"他越想越害怕。

下午师父回来了，他知道了这件事后一点儿也没生气，而是平心静气地对弟子说了一句话："我并不是为了生气才种兰花的。"

弟子听了这句话，不仅放心了，也明白了。

不管经历任何事情，我们都要制怒，在脉搏加快跳动之前，凭借理智的伟力平静自己。

想一想，如果惹你生气的人犯了错误，是由于某种他们不可控的原因，我们为什么还要愤怒呢？

如果不是这样，那么他们犯错一定是由于善恶观的错误。我们看到了这一点，说明在善恶观的问题上，我们的灵魂比他们优越，比他们更理性，更能辨明是非黑白。对于他们，我们只有怜悯，不应有一丝愤怒。

对于犯了错误的人，尽己所能平静地劝诫他们，把他们当成理智生病的人一样医治，没有必要生气，心平气和地向他们展示他们的错误，然后继续做你该做的事，完成自己的职责。

做自己情绪的主人

　　调节好自己的情绪，永远保持好心情，可以让我们更轻松、更简单地享受生活。人活在世上总会遇到各种各样的事情，或忧或喜。当我们在生活中出现情绪问题时，如果我们能够通过自己的行动，及时调整好自己的情绪，那么我们就能更简单地面对自己的人生。

　　一位著名的心理专家说过，"我们生活中 80% 以上的情绪问题都是由自己造成的"。生活中随时可能出现的矛盾随时都会影响到我们的情绪。例如，你可以假想某一天，你站在一间珠宝店的柜台前，把一个装有几本书的纸袋放在柜台上。这时一个衣着讲究、仪表堂堂的男子进来，开始在柜台前看珠宝，你礼貌地将自己的纸袋移开。这个人却愤怒地看着你，说他是个正直的人，绝对无意偷你的纸袋。他觉得受到了侮辱，重重地将门关上，走出了珠宝店。你感到十分惊讶，一个无心的动作，竟会引起他如此的愤怒。后来，你领悟到，这个人和你仿佛生活在两个不同的世界，但事实上世界是一样的，只是你和他对事物的看法相反而已。

　　第二天一大早醒来，你就觉得情绪不好，想起自己又要开始度过枯燥、乏味的一天，周围的一切都好像在和你作对。当你驾车挤在密密麻麻的车阵中，缓慢地向市中心前进时，你满腔怨气地想：为什么有那么多笨蛋也能拿到驾驶执照？他们开车不是太快就是太慢，根本没有资格在高峰时间开车，这些人的驾驶执照都该被吊销。后来，你和一辆大型卡车同时到达一个交叉路口时，你心想："这家伙一定会直冲过去的。"但就在这时，卡车司机将头伸出车窗外，向你招招手，给你一个开朗、愉快的微笑。当你将车子驶离交叉路口时，你的愤怒突然完全消失，心胸豁然开朗起来。

由此可见，控制情绪的钥匙就掌握在我们自己手中。你可以采取下面的方法，进而有效地控制自己的情绪，让自己度过平和快乐的每一天。

输入自我控制的意识是有效控制自己情绪的第一步。曾经有个初中生，不会控制自己的情绪，常常和同学争吵，老师批评他没有涵养，他还不服气，甚至和老师争执。老师没有动怒而是拿出词典逐字逐句解释给他听，并列举了身边大量的例子，他嘴上没说心中却早已心悦诚服。从此他有了自我控制的意识，经常提醒自己，主动调整情绪，自觉注意自己的言行。就在这种潜移默化中他拥有了健康的情绪状态。

另外，在众多调整情绪的方法中，你也可以学一下"情绪转移法"，即暂时避开不良刺激，把注意力、精力和兴趣投入另一项活动中去，以减轻不良情绪对自己的冲击。

情绪转移的第一个关键是积极参加社会交往活动，培养社交兴趣。人是社会的一员，必须生活在社会群体之中。一个人要逐渐学会理解和关心别人，一旦主动爱别人的能力提高了，就会感到生活在充满爱的世界里。如果一个人有许多知心朋友，就可以获得更多的社会支持，更重要的是可以感受到充足的社会安全感、信任感和激励感，从而增强生活、学习和工作的信心和力量，最大限度地减少心理应激和心理危机感。

情绪转移的第二个关键是多找朋友倾诉，以疏泄郁闷情绪。生活和工作中难免会遇到令人不愉快和烦闷的事情，如果有好友听你诉说苦闷，那么压抑的心境就可能得到缓解或减轻，失去平衡的心理可以恢复正常，并且可以得到来自朋友的情感支持和理解，获得新的思考，增强战胜困难的信心。还可向自然环境转移，郊游、爬山、游泳或在无人处高声叫喊、痛骂等。也可积极参加各种活动，尤其是将自己的情感以艺术的手段表达出来。

另外，营造一个温馨的家庭氛围也是转移不良情绪的一个有效途径。家庭可以说是整个生活的基础，温暖和谐的家是家庭成员快乐的源泉，是事业成功的保证。

如果我们在遭遇了不良情绪的袭击之后，能够及时地投入温馨的家庭氛围中，让家人的关怀清洗我们内心的烦恼，那么我们就能保持一种平和快乐的心态。

别顺着怨气毁灭自己

如果你很容易发怒的话，那么就说明你可能有一些还难以解决的问题压在心头。你需要找出这些问题，然后设法解决它们，以便继续前进。有人说，生气是拿别人的错误惩罚自己。真正聪明的人，懂得从他人的怒火中寻找温暖，而不是顺着自己的怨气毁灭自己。

下面这个故事中，富兰克林的经历也向我们说明了克制怒气的重要：

有一次，有位管理员为了显示他对富兰克林一个人在排版间里工作的不满，就把屋里的蜡烛全部收了起来。这种情况一连发生了好几次。

有一天，富兰克林到库房里赶排一篇准备发表的稿子，却怎么也找不到蜡烛了。

富兰克林知道是那个管理员干的，忍不住跳起来，奔向地下室，去找那个管理员。当他到达地下室时，发现管理员正忙着烧锅炉，同时一面吹着口哨，仿佛什么事情也没发生。

富兰克林抑制不住愤怒，对着管理员就破口大骂，一直骂了足足5分钟，他实在想不出什么骂人的语句了，只好停了下来。这时，管理员转过头来，脸上露出开朗的微笑，并以一种充满镇静与自制的声调说："呀，你今天有些激动，是吗？"

他的话就像一把锐利的短剑，一下子刺进了富兰克林的心里。

富兰克林的做法不但没有为自己挽回面子，反而增加了他的羞辱。他开始反省自己，认识到了自己的错误。

富兰克林知道，只有向那个管理员道歉，内心才能平静。他下定决心，来到地下室，把那位管理员叫到门边，说："我回来是为我的行为向你道歉，如果你愿意接受的话。"

管理员笑了，说："你不用向我道歉，没有别人听见你刚才说的话，我不会把它说出去的，我们就把它忘了吧。"

这句话对富兰克林的影响更甚于他先前所说的话。他向管理员走去，抓住他的手，使劲握了握。他明白，自己不是用手和他握手，而是用心和他握手。

在走回库房的路上，富兰克林的心情十分愉快，因为他鼓足了勇气，弥补了自己所犯的错误。

从此以后，富兰克林下定决心，决不再失去自制力，因为凡事以愤怒开始，必以耻辱告终。

你一旦失去自制之后，另一个人——不管是一名目不识丁的管理员，还是有教养的绅士，都能轻易将你打败。

在找回自制之后，富兰克林身上也很快发生了显著的变化，他的笔开始发挥更大的力量，他的话也更有分量，并且结交了许多的朋友。这件事成为富兰克林一生当中最重要的一个转折点。后来，成功的富兰克林回忆时说道："一个人除非先控制自己，否则他将无法成功。"

众所周知，人与人之间的情绪是会相互感染的，有时自己控制得还不错的情绪，一下就被别人破坏了，而别人的情绪也常常被自己"污染"。

如果你总是走不出过去的阴影，愤愤不平、牢骚满腹、自怨自艾，那么就很难保持良好的自我控制力，你最终想掌握自己命运的希望就会破灭。

情绪化常常让人丧失理智

一个成功的人必定是有良好控制能力的人，控制自我不是说不发泄情绪，也不是不发脾气，过度压抑只会适得其反。

新的一届竞选又开始了，一位准备参加参议员竞选的候选人向自己的参谋讨教如何获得多数人的选票。

其中一个参谋说："我可以教你些方法。但是我们要先定一个规则，如果你违反我教给你的方法，要罚款10元。"

候选人说："行，没问题。"

"那我们从现在就开始。"

"行，就现在开始。"

"我教你的第一个方法是：无论人家说你什么坏话，你都得忍受。无论人家怎么损你、骂你、指责你、批评你，你都不许发怒。"

"这个容易，人家批评我、说我坏话，正好给我敲个警钟，我不会记在心上。"候选人轻松地答应。

"你能这么认为最好。我希望你能记住这个戒条，要知道，这是我教给你的规则当中最重要的一条。不过，像你这种愚蠢的人，不知道什么时候才能记住。"

"什么！你居然说我……"候选人气急败坏地说。

"拿来，10块钱！"

虽然脸上的愤怒还没退去，但是候选人明白，自己确实是违反规则了。他无奈地把钱递给参谋，说："好吧，这次是我错了，你继续说其他的方法。"

"这条规则最重要，其余的规则也差不多。"

"你这个骗子……"

"对不起，又是10块钱。"参谋摊手道。

"你赚这20块钱也太简单了。"

"就是啊，你赶快拿出来，你自己答应的，你如果不给我，我就让你臭名远扬。"

"你真是只狡猾的狐狸。"

"又10块钱，对不起，拿来。"

"呀，又是一次，好了，我以后不再发脾气了！"

"算了吧，我并不是真要你的钱，你出身那么贫寒，父亲也因不还人家钱而声誉不佳！"

"你这个讨厌的恶棍，怎么可以侮辱我家人！"

"看到了吧，又是 10 块钱，这回可不让你抵赖了。"

看到候选人垂头丧气的样子，参谋说："现在你总该知道了吧，克制自己的愤怒情绪并不是一件容易的事情，你要随时留心，时时在意。10 块钱倒是小事，要是你每发一次脾气就丢掉一张选票，那损失可就大了。"

控制自己的情绪是件非常不容易的事情，因为我们每个人的心中都存在着理智与感情的斗争。为情所动时，不要有所行动，否则你会将事情搞得一团糟。人在不能自制时，会举止失常；激情总会使人丧失理智。此时应去咨询不为此情所动的第三方，因为当局者迷，旁观者清。当谨慎之人察觉到自己有冲动的情绪时，会即刻控制并使其消退，避免因热血沸腾而鲁莽行事。短暂的冲动情绪的爆发会使人不能自拔，甚至名誉扫地，更糟糕的则可能丢掉性命。

不斗气，不生气

世上有两种人，一种是开口便笑的人，一种是牢骚满腹的人；同样的一件事，有人埋头做事，有人破口大骂。埋头做事的并不一定是傻子，破口大骂的也不见得是聪明人，但是前者一定很快乐，后者则容易生气。一个让自己快乐工作的人，一定能将工作做好，这也是成功的前提。在我们斗气的时候，何不学着把看问题的角度稍稍修正，将自己从心魔中解脱出来，站在另一个角度看问题。要懂得缩小自己的不满，才能看见问题的另一个方面。任何斗气都是无济于事的，应勇敢地面对现实，接受现实，以一颗平常心看待已然无法改变的现实。

小薛和小刘是大学时的校友，同系不同班，毕业的时候一同进入一家电脑公司。高科技公司的特征就是高薪高压加高竞争，两人不由自主地成了对手，两年多的时间里不知交锋过多少次。后来，小薛参加一个新程式的开发项目，并被提为主要负责人。

开发很顺利，接近尾声的时候却出了问题，一家同行竞争公司抢先推出了类似的项目成果。开发顿时失去意义，项目立刻被停止。经公司主管研究发现，该推出软件是在本公司研究的核心程序基础上做出的，作为主要负责人的小薛受到技术泄露的牵连不可避免地被降了职。直到半年后小刘辞职跳槽到了那家公司，小薛才知道原来一切都是因为小刘嫉妒她过于锋芒毕露认为她抢了自己的发展机会而暗中使的坏，而正是自己的信任和疏忽，无意中让小刘看到了自己所编的程式。知道了真相的小薛无法咽下这口恶气，于是也跳槽到了那家公司，处处与小刘对着干。结果是两败俱伤，那家公司的经理厌烦了两个人的明争暗斗，最终将她们都辞掉了。

生活中有些挫折可能是别人无意中附加给我们的，有些可能来自和我们敌对的一方，来自那些准备冷眼旁观我们身陷窘境如何自处的对手。这就需要我们充分利用自己的智慧，低调处之，不和他人斗气，才能保持清醒的头脑。其实人与人之间，你对我不好，我也就对你不好。这样以恶制恶、以怨制恨、互相伤害，只能加深和激化矛盾、产生怨恨，丝毫解决不了根本问题。要知道，一个人与其意见相左的敌人越多，他的人际交往也就越失败，事业就越难以发展。多一个朋友多一条路，与其与人为敌，不如化敌为友，这样人生之路才会越走越宽，越走越顺。因此遇到矛盾时不管对方是对还是错，自己首先忍让一步，后退一步，心平气和地把问题说清楚。在善心善语面前，相信再不讲理的人也不好意思变本加厉，再大的矛盾都会化干戈为玉帛。

第三章

弥勒的"大肚"是笑出来的，不是憋出来的

为人处世以容人为上策

古人曾说："得饶人处且饶人。"在生活中，如果我们一旦有争强好胜、锱铢必较的心理，就可能给自己招来不必要的烦恼、嫉妒甚至是仇恨。

可见，包容是做人、处世的大智慧，也是和谐人际关系的一种润滑剂。尤其是在双方产生针锋相对的矛盾时，如果以硬碰硬，无论胜负都会有所损失，倘若互相包容，不仅能够避免损伤，还能够将问题处理得很好。

清康熙年间，内阁大学士张英（张廷玉的父亲）收到一封家书。信上说他们家正打算修围墙，本来根据地契，墙可以一直修到邻居叶秀才家的墙根下，但是叶秀才不让，并且还到官府里把张家给告了。家人非常生气，就给张英写了这封信，让他处理这件事。家人很快就收到了回信，但上面只有一首诗："一纸书来只为墙，让他三尺又何妨？长城万里今犹在，不见当年秦始皇。"张英的家人接到信后，明白了他的意思，马上就把墙拆了，并且后退三尺才重建。叶秀才一看张家如此大度，也把自己家的墙拆了，后移了三尺。由于

两家都退让了三尺，因此留出了一条长百余米，宽六尺的巷子，后被当地人赞誉为"六尺巷"。

本来根据地契约定，张家根本没有错，而张英又贵为大学士，并且父子二人同在朝中任要职，只要知会当地官府一声，叶秀才家肯定会妥协，而张家的权利和尊严也会得到保障，但是他没有这样做，而是选择了包容，宁愿自己吃亏，让了叶秀才三尺；而叶秀才则觉得张英"宰相肚里能撑船"，不与自己计较，而自己本就理亏，感动之余也让了三尺，两家的关系也因此由剑拔弩张转为互相敬重，和睦相处。

在此我们可以想象一下，假如张英当时给当地官府打了个招呼，以他的权势，叶秀才肯定会被法办。不过，虽然他有理，但是当地百姓依然会认为他仗势欺人，以大压小。好在张英是一个宽宏大量的人，他主动使用了"包容"这一润滑剂，不仅解决了问题，还赢得了他人的敬重，并因一件小事而青史流芳，真可谓一举多得。

在生活和工作中，我们每个人都难免会遇到不如意的事情。如果因为一点小事情就闷闷不乐，甚至大动肝火，这不仅会影响自己、影响他人，可能还会招致更多的麻烦。所以，当我们在遇到不如意的事情时，一定要学会去适当地包容，不要与他人产生摩擦，而要以一种平和的态度来面对。

人生在世，本就是苦多于乐，如果再过多地与人计较，甚至与自己计较，总在为得失算计，那就失去了生活的乐趣。生活过得不快乐，还有什么意义呢？所以要转变态度，去包容他人。

为人处世，如果以严厉的态度、倨傲的性格对待别人，就会招致别人的怨恨，引来不满。如此，于人于己都不利，何必呢？正所谓：利人就是利己，亏人就是亏己，容人就是容己，害人就是害己。所以说：君子以容人为上策。

宽容是一种修养，一种德行，一种度量。如果人人都有宽容忍让的心态，那么这个社会肯定会变得更美好，人与人之间的关系也肯定会变得更和谐。

留有余地是一种理智的人生策略

我国古代有个叫李密庵的学者，写过一首《半半歌》，诗云："酒饮半酣正好，花开半时偏妍，帆张半扇免翻颠，马放半缰稳便。半少却饶滋味，半多反厌纠缠。百年苦乐半相参，会占便宜只半。"用现代的话来说，就是凡事要留有余地，不要不给自己和别人退路。

常留余地二三分，体现了人生的一种智慧。凡事留有余地，则自由度就增加。进也可、退也可、亲也可、疏也可、上也可、下也可，处于一种自由的境地，体现了一种立身处世的艺术。

常留余地二三分，这是因为，世界上的事变幻不定，常常有许多意想不到的不利因素产生作用。人外有人，天外有天。人不要总是赢人，要留一些给别人赢；不要老想占上风，要给别人一些尊严。这样，自己才能不断进步，人际关系才能更和谐。一句话，为人处世还是谦虚谨慎些的好。如果目中无人，骄傲自满，就容易碰壁、栽跟头。

唐朝时代，有一位德山大师，精研律藏，而且通达诸经，其中尤以讲《金刚般若波罗蜜经》最为得意。因俗姓周，故得了个"周金刚"的美称。

当时，禅宗在南方很盛行，德山大师就大不以为然地说："出家沙门，千劫学佛的威仪，万劫学佛的细行，都不一定能学成佛道，南方这些禅宗的魔子魔孙，竟敢诳说：'直指人心，见性成佛。'我一定要直捣他们的巢窟，灭掉这些孽种，来报答佛恩。"

于是德山大师挑着自己所写的《青龙疏钞》，浩浩荡荡地出了四川，走向湖南的澧阳。一日途中，突然觉得饥肠辘辘，看到前面有一家茶店，店里有位老婆婆正在卖烧饼，德山大师就到店里想买个饼充饥。老婆婆见德山大师挑着那一大担东西，便好奇地问道：

"这么大的担子，里面装的是什么东西？"

"是《青龙疏钞》。"

"《青龙疏钞》是什么？"

"是我为《金刚般若波罗蜜经》作的批注。"德山大师对于自己的著作，表现出很得意的神情。

"这么说，大师对于《金刚般若波罗蜜经》很有研究？"

"可以这么说！"

"那我有一个问题想请教您，您若能答得出来，我就供养您点心；若答不出来，对不起，请您赶快离开此地。"

德山大师心想："讲解《金刚般若波罗蜜经》是我最擅长的，任你一位老太婆，怎么可能轻易就难倒我！"随即毫不在意地说："有什么问题，你尽管提出来好了！"

老婆婆奉上了饼，说道："在《金刚般若波罗蜜经》中说：'过去心不可得，现在心不可得，未来心不可得。'不知大师您是要点哪一个心？"

德山大师经老婆婆这么一问，呆立半晌，竟然答不出一句话来。他心中又惭愧又懊恼，只好挑起自己那一大担的《青龙疏钞》，怅然离去。

德山大师受到这次教训后，再也不敢轻视禅门中修行之人，后来来到龙潭，至诚参谒龙潭祖师，从此勇猛精进，最后大彻大悟。

世事无常，万事多留些余地，多些宽容，这是一条重要的做人准则。在你留有余地的同时，别人也会因此而受益匪浅。

待人对己都要留有余地。好朋友不要如影随形，如胶似漆，不妨保持一点距离，是冤家也不要把人说得全无是处，对崇拜的人不要说得完美无缺，对有错误的人不要以为一无是处，不要把自己看得像朵花，看别人都是豆腐渣，不要以为自己的判断绝对正确，宜常留一点余地。

一幅画上必须留有空白，有了空白才虚实相间，错落有致。有余地才更加符合实际，才更加充满希望。当然，留有余地不是一种立身处世的圆滑，不是有力不肯使，也不是逢人只说三分话，而是对世界、对自己抱一种知己知彼的理性态度，是对鉴于世界的复杂性和自身能力的有限性所采取的一种理智的人生策略。

忧他人之忧，乐他人之乐

宋代朱熹有一句话："体谓设以身，处其地而察其心也。"一语道出了将他人的处境纳入思考范畴的境界，这是需要具有很高的自身修养才能体会到的乐趣，而我们平时熟稔于心的是"己所不欲，勿施于人"，其实，无论怎样表达，都说明了设身处地地为他人着想是一种人生必修的课程，它阐释着宽容、忍让、体谅等很多美好的东西。

人不是单靠吃米面活着的动物，一生中会有很多美丽的邂逅，无论是擦肩而过还是结为金兰，我们都会永远深藏在心底。所以我们要珍惜每一次真挚的心跳，多为他人考虑一些，也好随着时间的推移，将尘封在心底的往事定格为最美的风景。

有人曾说："人世间最纯净的友情只存在于孩童时代。"让人感到每个字眼里都透露着悲凉，谁能否认自己不渴望真情？其实，真情永远存在于人们的心中。不同年龄的人对感情的态度不同，体悟感情的方式也不尽一样，但在这过程里始终有一个不变的真理，那就是，如果你能把别人的处境也纳入思考的范畴，那么你就会得到恒久的真情。

人与人的相处需要忘我的精神，你可曾发觉很多人说话的时候主语经常是"我"，如果我们都把对方当成主要的，事情定会是另一番景象。人是社会的动物，都需要一份温暖、一份关心、一份慰藉，当对方成功时，我们为何不给予真诚的肯定，当对方偶有失误时我们为何不选择包容，多站在对方角度上考虑一下，这世界就不会再有嫉妒、责难，也不会有人再感到真情需要千呼万唤，它将弥漫在我们身边。

爱因斯坦说："对于我来说，生命的意义在于设身处地替人着想，忧他人之忧，乐他人之乐。"这是一种怎样宽广的胸怀，让他足以容纳他人的忧和乐，这本身就是一种慈悲，一种人生的大爱！

聪明的人遇事时为他人着想，因为他知道当心中只有自己的时候，也可能把麻烦留给了自己；当心中有他人的时候，他人也就为自己留出了一条宽敞的大道。他们往往从别人的角度出发，先考虑到别人的不方便之处；他们对自己要求很严格，却也有足够的涵养不苛责别人；他们把做人的深髓的哲理都赋予了行动。

人生就像春种秋收那样，随着四季的流转，不停地播种和收获。不一样的"播种"也将收获不一样的人生。你把目光投向大海，你将得到整个海洋；你把目光投向天空，你将得到整个天空；你用目光穿透黑暗，你也就会收获黎明；你用目光温暖众人，你也将得到众生的恩宠。

愿你在生命中播种美好与幸福，在美丽的深秋收获金色的黄昏。让人生的舞台像心胸那样海纳百川，收获整个天地间的温情。

指责只会招来对方更多的不满

动物王国的某公司里，狮子经理上任的第一天，便把前任经理的秘书斑马小姐叫到办公室，说："你本身就够胖的，还成天穿着花条纹衣服，一点气质都没有，这样下去有损我们公司的形象。如果你还想当办公室秘书，就得换身衣服来上班。"

"可是，我……"斑马小姐刚开口解释，狮子经理便恼怒地一挥手，斑马小姐只好含泪离开了办公室。

狮子又叫来业务员黄鼠狼，并对它说："你是业务骨干，为了体面地面对客户，从今天起，你不准放臭屁。"

"可是，我……"黄鼠狼刚要解释，狮子经理不耐烦地一挥手，黄鼠狼只好委屈地离开了办公室。

狮子又叫来会计野猪，嫌它獠牙太长。

第二天，狮子刚走进公司大门，发现公司里冷冷清清，原来公司的员工集体辞职不干了。

狮子经理的无端指责，不但没有获得它所想象的效果，反而因树敌太多，大家都离开了它，使它成了"孤家寡人"。我们要记住狮子的教训，无论是在学校里还是在工作中，都不要轻易地指责他人。俗话说："多个朋友多条道，多个敌人多堵墙。"

人往往有这样一个特点，无论他多么不对，他都宁愿自责而不希望别人去指责他。绝大多数人都是如此。在你想要指责别人的时候，首先你得记住，指责就像放出的信鸽一样，它总要飞回来的。指责不仅会使你得罪对方，而且对方必然会在一定的时候指责你。

学会接纳他人，容忍他人的缺点，是人生的一门重要课程，它有助于提高你的人格魅力。因此，树敌不如交友，批评不如赞扬，只要你不到处树敌，他人就乐于与你交往。懂得了这一点，对你成功做事、做人是很重要的。

迁怒是不负责任者的行为

不迁怒出自孔子对其弟子颜回的评价。有一次，哀公问："弟子孰为好学？"子对曰："有颜回者好学，不迁怒，不贰过。不幸短命死矣，今也则亡，未闻有好学者也。"值得我们注意的是，孔子说颜回好学，并没有说他学习的成果，而是"不迁怒，不贰过"，既不迁怒别人，也不两次犯同样的错误，在我们看来原本是品德上的问题，孔子把它归为好学的标准，其实，在古代，德育也是人们需要学习的主要内容。不迁怒，这也是今天我们每个人都应好好学习的品质，它是一个人成熟与否的标志之一，是成大事者获得人心必备的修养，是家庭幸福、朋友合欢的必要条件。

"人有悲欢离合，月有阴晴圆缺，此事古难全。"生活中总免不了磕磕绊绊，不顺心的时候，很多人就会不自觉地迁怒于他人，自己受气或不如意时拿别人出气。倘若某个同伴有些缺点这时暴露出来，就更可能成为被迁怒的对象。你可知道同伴是你朝夕相处、陪你欢乐悲伤的人，你们一路并进、一起承担，甚至利害攸关。你可知道，身为家人、朋友、同事，谁都有责任为对方分忧解难，无怨相伴，但无论自己的境况如何，我们都不应该迁怒于对方。迁怒，是用害别人为自己找出口，是对自身的逃避，是对别人的苛责，是无自制、不成熟的表现；迁怒，是阻碍成长的绊脚石，是冲动魔鬼的助手，却永远不会为你赢得摆脱不顺心的方法。

有这样一则寓言：

一只狐狸在跨越篱笆时，不小心被篱笆上的蔷薇的刺扎伤了，流了许多血。受伤的狐狸见到自己流血了，就非常生气，埋怨蔷薇说：我本是翻篱笆墙，你为何要刺伤我？蔷薇回答道：狐狸！我的本性就带刺，是你自己不小心，才被我刺到的啊！怎么会反过来埋怨我呢？

在现实生活中，有很多类似于狐狸这样的人，遭遇挫折时不反躬自省，反而责怪或迁怒别人，他们抱怨老板太苛刻，抱怨公交车太挤，抱怨菜市场上的秩序太乱；同伴在场时就开始迁怒，他们迁怒于家人，迁怒于同事，迁怒于朋友，甚至连孩子都成了他们迁怒的对象。

仔细分析一下经常迁怒的人，你会发现他们很少反躬自省，一出现不顺心的事时就想从别人身上找缺点，从而发泄自己的情绪。其实，除了让自己显得更无修养，是无济于事的，倒不如反躬自省，也好"不贰过"。

不要迁怒于你的同伴了，作为朝夕相处的同伴，因为彼此很了解，缺点自然也很了解，然而，金无足赤，人无完人，你的迁怒，只会给同伴留下被否定的阴影。聪明的人，不会拿同伴来发泄自己的情绪，他们会以他人为镜，提醒自己改正缺点。

不要把别人的冒犯放在心上

与人交往，你的感受如何？在错综复杂的人际交往中，如果你要认真计较的话，每天你随便都可以找到四五件让人生气的事情，如被人诬陷、被连累、受人冷言讥讽，等等。有人不便及时发作，便暗自把这些事情记在心里，伺机报复。但这种仇恨心理，对对方没有丝毫损害，却会影响自己的情绪，从而自食其果。

不管别人怎样冒犯你，或者你们之间产生什么矛盾，总之"得饶人处且饶人"。

年轻的洛克菲勒空闲的时间很少，所以他总是将一个可以收

缩的运动器——就是一种手拉的弹簧，可以闲时挂在墙上用手拉扯的——放在随身的袋子里。有一天，他到自己的一个分行里去，这里的人都不认识他。他说要见经理。

有一个傲慢的职员见了这个衣着随便的年轻人，便回答说："经理很忙。"洛克菲勒便说，等一等不要紧。当时待客厅里没有别人，他看见墙上有一个适当的钩子，洛克菲勒便把那运动器拿出来，很起劲地拉着。弹簧的声音打搅了那个职员，于是他跳起来，气愤地瞪着他，冲着洛克菲勒大声吼道："喂，你以为这里是什么地方啊，健身房吗？这里不是健身房。赶快把东西收起来，否则就出去。懂了吗？"

"好，那我就收起来罢。"洛克菲勒和颜悦色地回答着，把他的东西收了起来。

5分钟后，经理来了，很客气地请洛克菲勒进去坐。那个职员马上蔫了，他觉得他在这里的前程肯定是断送了。洛克菲勒临走的时候，还客气地和他点了点头，而他则是一副不知所措的惶恐样子。他觉得洛克菲勒肯定会惩罚自己，于是便忐忑不安地等待着处罚。但是过了几天，什么也没有发生。又过了一星期，也没有事。过了三个月之后，他忐忑不安的心才慢慢平静下来。

不管洛克菲勒是否把这件事放在心上。至少他的行为说明，他对小职员的冒犯采取了宽容的态度。

生活中，我们不免会遭遇别人的伤害和冒犯，与其"以牙还牙"两败俱伤，倒不如保持宽容和冷静，不要轻易出手反击，这既是对别人的一种容忍，也是对自己的一种尊重。

若要真正获得别人的尊敬与爱护，你要注意自己的表现，切勿盛气凌人，恃宠生骄，做出令人憎恶的事情。这里有几个方法可供参考：

第一，你要学习与每一个人融洽地相处，表现出你的随和与合作精神。面对别人的时候，不要忘记你的笑容与热忱的招呼，还要多与对方进行眼神接触，在适当的时机赞美一下他们的长处。

第二，假如你不得不对某人的表现予以批评，你的措辞也要十分小心。先把对方的优点说出来，令他对你产生好感后，他才会接受你的建议，还会视你为他的知己良朋。

第三，人人都会遇到情绪低落的时候，你要努力控制自己的脾气，切勿把心中的闷气发泄到别人的身上，这是自找麻烦的愚蠢行为。没有人会愿意跟一个情绪化的人相处，更不会对他期望过高。所以，替自己建立一个随和而善解人意的形象，这是成功的重要因素之一。

悦纳别人的与众不同

圣诞节临近，美国芝加哥西北郊的帕克里奇镇到处洋溢着喜庆、热闹的节日气氛。

正在读中学的谢丽拿着一沓不久前收到的圣诞贺卡，打算在好朋友希拉里面前炫耀一番。谁知希拉里却拿出了比她多 10 倍的圣诞贺卡，这令她羡慕不已。"你怎么会有这么多的朋友？这中间有什么诀窍吗？"谢丽惊奇地问。

希拉里给谢丽讲了自己两年前的一段经历：

"一个暖洋洋的中午，我和爸爸在郊区公园散步。在那儿，我看见一个很滑稽的老太太。天气那么暖和，她却紧裹着一件厚厚的羊绒大衣，脖子上围着一条毛皮围巾，仿佛正下着鹅毛大雪。我轻轻地拽了一下爸爸的胳膊说道：'爸爸，你快看那位老太太的样子多可笑呀！'

　　"当时爸爸的表情特别严肃。他沉默了一会儿说：'希拉里，我突然发现你缺少一种本领，你不会欣赏别人。这证明你在与别人的交往时少了一份真诚和友善。'

　　"爸爸接着说：'那位老太太穿着大衣，围着围巾，也许是生病初愈，身体还不太舒服。但你看她的表情，她注视着树枝上一朵清香、漂亮的丁香花，表情是那么生动，你不认为很可爱吗？她渴望春天，喜欢美好的大自然。我觉得这位老太太令人感动！'

　　"爸爸领着我走到那位老太太面前，微笑着说：'夫人，您欣赏春天时的神情真的令人感动，您使春天变得更美好了！'

　　"那位老太太似乎很激动：'谢谢，谢谢您！先生。'她说着，便从提包里取出一小袋甜饼递给了我，'你真漂亮……'

　　"事后，爸爸对我说：'一定要学会真诚地欣赏别人，因为每个人的身上都有值得我们欣赏的优点。当你这样做了，你就会获得很多朋友。'"

　　你可能会觉得别人与众不同，并觉得很诧异，但只要换种眼光去捕捉他们身上的这些闪光点，学会真诚地欣赏，你就会惊喜地发现你的周围有很多伙伴，好朋友也越来越多，生活也越来越丰富。

　　如何接纳别人的与众不同呢，不妨参考以下几点：

1. 虚心学习朋友的长处。
2. 不勉强别人做他们不愿意做的事。
3. 真诚对待周围的每一个人。
4. 在与别人的交谈中不要轻易说不喜欢谁。
5. 与人交往要态度温和，不要动不动就发脾气。

帮助伤害过你的人

用宽广的胸怀去包容伤害过自己的人，能够不计前嫌，给他以帮助与关怀，才是为人之大德。

从前有一个富翁，他有三个儿子，在他年事已高的时候，富翁决定把自己的财产全部留给三个儿子中的一个。可是，到底要把财产留给哪一个儿子呢？富翁想出了一个办法：他要三个儿子都花一年时间去周游世界，回来之后看谁做了最高尚的事情，谁就是财产的继承者。一年时间很快就过去了，三个儿子陆续回到家中，富翁要三个人都讲一讲自己的经历。大儿子得意地说："我在周游世界的时候，遇到了一个陌生人，他十分信任我，把一袋金币交给我保管，可是那个人却意外去世了，我就把那袋金币原封不动地交还给了他的家人。"二儿子自信地说："当我旅行到一个贫穷落后的村落时，看到一个可怜的小乞丐不幸掉到湖里了，我立即跳下马，从湖里把他救了起来，并留给他一笔钱。"三儿子犹豫地说："我，我没有遇到两个哥哥碰到的那种事，在我旅行的时候遇到了一个人，他很想得到我的钱袋，一路上千方百计地害我，我差点儿死在他手上。

可是有一天我经过悬崖边，看到那个人正在悬崖边的一棵树下睡觉，当时我只要抬一抬脚就可以轻松地把他踢到悬崖下，但我想了想，觉得不能这么做，正打算走，又担心他一翻身掉下悬崖，就叫醒了他，然后继续赶路了。这实在算不了什么有意义的经历。"富翁听完三个儿子的话，点了点头说道："诚实、见义勇为是一个人应有的品质，称不上是高尚。有机会报仇却放弃，反而帮助自己的仇人脱离危险的宽容之心才是最高尚的。我的全部财产都是三儿子的了。"

宽容是一笔巨额的财富，是至善人性达到的一种境界，是人性之花历经沧桑之后依然盛开的那份通透与恬然。

活在仇恨里的人是愚蠢的。你在憎恨别人时，心里总是愤愤不平，希望别人遭到不幸、惩罚，却又往往不能如愿，失望、莫名地烦躁之后，你便失去了往日那轻松的心境和欢快的情绪，从而心理失衡；另外，在憎恨别人时，由于疏远别人，只看到别人的短处，在言语上贬低别人、在行动上敌视别人，结果使人际关系越来越僵，以致树敌为仇。宽容地帮助伤害过你的人才不失为人生大智慧，以德化怨，春风化雨，是成熟人性臻至化境的象征，宽容的人生收获的必是满城桃李。

要私下指出别人的缺点

如果你想让自己的说话方式讨人喜欢，那么私下指出别人的缺点是采取行动的第一步。但是有的人常常要么就容忍别人的缺点，要么就直接对外宣扬，以至于让别人下不来台。这里的教训实在值得我们思考。

做人要拥有一颗宽容的心。"金无足赤，人无完人"，记得有位专家就说过，不要苛求别人的完美，宽容让你自己不断完美起来。在别人的某些缺点比较严重时，我们应该以私下谈心的方式委婉指出，疾风暴雨不如和风细雨，当场训斥不如私下平心静气、施以爱心。只有我们拥有了一颗宽容的心，别人才能感受到我们的真诚，在我们指出他们缺点的时候他们才能心悦诚服地接受。

在朋友之间，指出缺点总是要担负伤和气风险的，但作为朋友应该承担这种风险。风险有大有小，关键是用的方法适当与否。从小处说，就是在私底下指出别人的缺点。人总是要讲点面子的，指出缺点更应该顾及对方的面子，说话尽可能婉转一些，尤其不要当众给朋友生硬"挑刺"。即使在私下场合指出缺点和错误，也应充分考虑如何让对方愉快接受，最好先聊聊其他事情，以便在沟通感情、融洽气氛的基础上再婉转地指出问题。

指出缺点更多时候是发生在角色地位并不平等的人之间，比如上司对下属，老师对学生。这些情况下可以公开指出缺点吗？当然不应该，照样应该维护下属和学生的面子。当员工违背明确的规章制度时，当然应当众指出其过错，在让他认识到缺点错误的同时，也可对其他人起到警示作用。假若员工在工作上出现小小的失误，而且不是有意的行为，可在私下为其指出来，或以含蓄、暗示的方式使其意识到自己的缺点。这样既能维护他的面子，又能达到帮他改正缺点的目的。

要时常反问自己："处理这件事最合乎人性的方法是什么？"当员工因为某些缺点把事情弄糟了，有的领导者会把犯错误的员工当着其他员工甚至是这个员工的下属的面训斥一通。而人性化的领导者会在私下里跟员工谈心，指出缺点，并且帮助他们找出适当的方法去做好事情，并且会肯定他们已经做得很好的部分，以免让这些员工丧失信心。

所以作为上司，假如说下属真的有比较严重的缺点，一般应私下单个找他谈话，指出来，引导他今后如何正确处理类似的问题及注意事项，避免再犯同样的错误。只有这样，下属有问题才愿找上司反映或沟通谈心。这样一来就会在员工中树立一个良好的形象。

作为老师，对学生的缺点也要有一些"春秋笔法"。

刘老师班上有个女生很优秀，一段时间看到别人比自己成绩好，心里有些不平衡。刘老师通过网上聊天工具和她聊天，直言不讳。这个女生很感激，情绪理顺了。对其他有缺点的学生，刘老师也尽量采取类似方法。学生们说："刘老师照顾我们的面子，我们也尽力改正。"一位教育专家这样评价刘老师："刘老师这样做是讲策略，育人工程最艰深，关键要用心！"有一次，刘老师经过教室，听到一位同学用粗话骂老师，他装作没听见，事后私下把那个同学请到办公室，告诉他老师已经听到他说的那句话，但不想当着全班同学的面批评他，是为了尊重他。这样他很诚恳地承认了错误并向老师道歉，后来变得很有礼貌了。试想，如果刘老师当时走进教室狠批他一顿，有可能换来学生第二次更难听的粗话。

因此，面对别人的缺点，私下里指出而不是当面批评或宣扬，不仅会让他感受到你的修养，而且会让他更加尊重你。

不因偶尔的过错就丧失对朋友的信任

朋友间的相处，伤害往往是无心的，帮助却是真心的，不要因朋友偶尔的过失而失去对他的信任。你若能宽容相待，你的朋友必然会以最大的忠诚回报你。

在一个小镇上有一个出名的地痞，整日游手好闲，酗酒闹事，人们见到他唯恐避之不及。一天，他醉酒后失手打伤了前来上门讨债的债主，被判刑入狱。

入狱后的地痞幡然悔悟，对以往的言行感到十分懊悔。

一次，他成功地协助监狱管理人员制止了犯人的集体越狱出逃，获得减刑的机会。

地痞（原谅这样继续称呼他）从监狱中出来后，回到小镇上重新生活。他先是想找个地方打工赚钱，结果全都拒绝用他。食不果腹的地痞又来到亲朋好友家借钱，看到的都是一双双不相信的眼光，他那一点刚充满希望的心，开始滑向失望的边缘。这时，地痞少年时代的朋友听说了，就取出了1000元送给他，地痞接钱时没有显出过分的激动，他平静地看了一眼昔日的朋友后，消失在镇口的小路上。

数年后，地痞从外地归来。他靠1000元起家，苦命拼搏，终于成了一个腰缠万贯的富翁，不仅还清了亲朋好友的旧账，还领回来一个漂亮的妻子。他来到了昔日的朋友家，恭恭敬敬地捧上了2000元，然后，流着泪说道："谢谢你！你是我真正的朋友，是你的信任给了我站起来的勇气。"

信任是最好的支持，它是对人性的肯定，它对人的帮助在于心理上道义的重建，其意义超过了金钱的支援。

真正的朋友经得起任何狂风暴雨的打击，请不要因为朋友对你的态度一时冷淡或是朋友一时的过错而失去了对朋友的信任。你若能对朋友坦诚相待，你真正的朋友必然会以最大的忠诚回报你。

传说中，有两个朋友在沙漠中旅行，在旅途中他们吵架了，一个还给了另外一个一记耳光。被打的那位觉得受辱，一言不语，在沙子上写下：今天我的好朋友打了我一巴掌。他们继续往前走。直到到了沃野，他们就决定停下。被打巴掌的那位差点儿淹死，幸好被朋友救起来了。被救起后，他拿了一把小剑在石头上刻了：今天我的好朋友救了我一命。

一旁的朋友好奇地问道：为什么我打了你，你要写在沙子上，而救了你却要刻在石头上呢？另一个笑笑地回答说："当被一个朋友伤害时，要写在易忘的地方，风会负责抹去它；相反，如果被帮助，我们要把它刻在心里的深处，在那里任何风都不能磨灭它。"

或许，朋友对你的伤害是无意间造成的，朋友间有了裂痕就需要用宽容来弥合。信任是伸向失望的一双手，一个小小的动作能改变一个人的一生。不要因偶尔的过错就失去对朋友的信任，宽容你的朋友吧，说不定在你的身边会出现奇迹。

第四章

人贵有自"制"之明，生气时忍一忍

切莫感情用事

处世经典《增广贤文》上说："酒是穿肠毒药，色是刮骨钢刀，财是下山猛虎，气是惹祸根苗。"愤怒就像决堤的洪水那样淹没人的理智，让人做出不可思议的蠢事，甚至招来杀身之祸。

张飞脾气暴躁，常常因为一点小事而大动肝火。当他得知关羽败走麦城而丧命时，旦夕号泣，血泪衣襟，愤恨不已，发誓定要血刃仇人。

张飞下令军中，限三日内置办白旗白甲，三军挂孝伐吴。次日，两员末将范疆和张达告诉张飞："白旗白甲，一时无可措置，须宽限时日。"

张飞大怒，喝道："我急着想报仇，恨不得明日便到逆贼之境，你们怎么敢违抗我的命令！"说罢，便让武士把二人绑在树上，每人在背上鞭抽了五十下。

打完之后，张飞余怒未消，用手指着两人说："明天一定要全部完备！若违了期限，就杀你们两人示众！"

被打得满口吐血的两人到帐中商议，范疆说："今日受了刑责，倒也无所谓，可我们怎能在短短一天内将装备筹措齐备？张飞性暴如火，如果明天置办不齐，你我皆有杀身之祸。"

张达说："张飞爱酒，每日必饮。如果我们两个不应当死，那么他就醉在床上；如果应当死，那么他就不醉好了。"当下商议停当。

当天晚上，张飞又哭又骂，喝得烂醉如泥，卧在帐中，鼾声如雷。范张二人探知消息，心中大喜。

初更时分，两人各怀利刃潜入帐中，摸到张飞床前，突见张飞双目圆睁，躺在床上。两人大惊，刚欲逃走，又听得张飞打起了鼾，但眼睛仍然睁着。原来张飞睡觉时眼睛是睁开的。

两人不再犹豫，斩下张飞的首级，骑快马星夜逃奔东吴去了。

西方有句经典谚语："上帝要想让他灭亡，必先使他疯狂！"忍字头上一把刀，忍耐会有痛苦；忍字下面一颗心，忍耐会受煎熬；忍耐就好似手刃自己的心，需要时间等待伤口慢慢愈合；忍得头上乌云散，拨开云雾见阳光。

某大公司老板巡视仓库，发现一个工人正坐在地上看连环画。老板最恨工人在工作时间偷懒，于是怒不可遏地问："你一个月挣多少钱？"

"1000 元。"工人回答。老板立刻掏出 1000 元给他，并大叫："拿了钱给我滚！"事后，老板责问后勤主管："那工人是谁介绍来的？"主管说："那人不是公司员工啊，而是其他公司派来送货的。"

当然，这只不过是一个笑话，但也从侧面反映了人在愤怒状态下失去理智的情形。不分青红皂白，一时的冲动很有可能会断送自己的大好前程，造成严重的后果。据统计，怒火给人类造成的损失比全世界烧掉的煤炭还要多出成百上千倍。

哲学家康德说："生气，是用别人的错误惩罚自己。"的确，冲动就有这样的魔力，让人身不由己，敢做平时不敢做的事情，愿做平时不愿意做的事情，就好像失去理智的罪犯那样走上极端，亲手毁掉自身的幸福。

所以，每个人都不要轻易地冲动，学会忍耐，要把魔鬼赶得无影无踪，用平常、平淡的心理，理智地对待各种事情。

小事更要能忍

小不忍则乱大谋，小不忍难成大器，这是中华民族五千多年来的浓缩智慧，是华夏子孙生生不息的古老传承。能承受者，不计较一城一池的得失，更不逞一时的口舌之快；笑到最后，才是笑得最好，能成功者，首先要能够付出，其次是能够承受，最重要的，是能够忍耐。

武则天是中国历史上唯一的一位女皇，对她的评判，历来毁誉参半，作为一名杰出的政治家，她固然有其奸诈、阴狠的一面，但是她的大气、豪迈，也令后来者为之赞叹。

徐敬业在扬州造反时，骆宾王起草了讨武檄文，曰："昔充太宗下陈，曾以更衣入侍，洎乎晚节，秽乱春宫，潜隐先帝之私，阴图后庭之嬖……践元后于翚翟，陷吾君于聚麀。加以虺蜴为心，豺狼成性，近狎邪僻，残害忠良。杀姊屠兄，弑君鸩母。人神之所同嫉，天地之所不容……试看今日之域中，竟是谁家之天下！"

如此的谩骂攻击，连那些读檄文的大臣也为之色变，但是武则天非常欣赏为文者的文采，竟询问檄文的作者是何人。当她知道是骆宾王时，叹道："如此天才使之沦为叛逆，宰相的过错呀。"

没有如此的慨然大气，恐怕武则天无论有多少雄才伟略、阴谋诡计，也无法打破"女子不得干政"的天规铁律，将大唐江山牢牢握在手心。不与侮辱自己的敌人计较，并不是说要让自己毫无原则，而是要忘却侮辱带来的烦恼，化敌为友，展现自己的素养。

人与人之间的差别，有时在于如何对待"受气"，还在于能不能承受"气"。

当你自己什么都不是时，有人挖苦你、踩贬你是很正常的。自己不争气是因，别人气你是果。不从自己身上找原因，不自强自胜，是改变不了受气的地位的。当你成功时，情况就会不一样。

不能忍者必然被焦虑、愤怒、抑郁等不良情绪困扰着，导致情绪失控，其实最后受伤害的是自己。对于理智的人而言，学会忍耐是必不可少的人生功课。

俄国文学家屠格涅夫在"开口之前，先把舌头在嘴里转个圈"，即动怒之前先不讲话，以缓和不良情绪。当需求受阻或遭受挫折时，可以用满足另一种需求的方式来减弱自己的挫败感，以发挥自身的优势，增强自信心。

别跟自己过不去

英国著名剧作大师莎士比亚说过："什么样的生活都有乐趣，什么样的体验都有幸福。"其实，人世间本没有过不去的坎儿，一切的逆境都可以旷达处置，所有的困难都可以忍耐对待，做人大可不必拘泥于缺陷，只有这样，方能逍遥一生。

一个边远的山区里，有两户人家的空处长着一棵枝繁叶茂的银杏树，这棵树不知道是属于两户人家中的哪户，没有人去争过。秋天的时候，成熟的果子落在地上。村里的孩子们捡回一些，却都不敢吃，老人们说银杏果子有毒。

这样的日子过了许多年。有一天，其中一户人家的主人去了一趟城里，不经意间知道银杏果可以卖钱。于是，他摘了一袋背到城里，换回一大沓花花绿绿的票子。

银杏果可以换钱的消息不胫而走。另一户人家的主人上门要求两家均分那些钱，他的要求当然被拒绝了。情急之下，他找出土地证，结果发现这棵银杏树划在他家的界线内。于是，他再次要求对方交出银杏果的钱，并且告诉对方这棵银杏树是他家的。对方当然不会认输，他也开始寻找证据，结果从一位老人处得知，这棵银杏树是他曾祖父当年种下的。

在谁也不肯让步的情况下，两家闹起纠纷，反目成仇。乡里也不能判断这棵树究竟应该属于谁，一个有土地证，白纸黑字，还盖着大红章；一个有证人、证言，前人栽树后人乘凉，自古使然。

于是，两人起诉到法院。法院也为难，建议庭外调解。

两人都不同意，他们认为这棵银杏树本应属于自己，为什么要共享呢？

案子便拖了下来。

这样的故事延续了10年。10年后，一条公路穿村而过，两户人家拆迁，银杏树被砍倒，这场历时10年的纠纷才画上了句号。奇怪的是，两户人家谁也不要那棵树，因为树干是空的，只能当柴烧。

处处算计的人看上去十分精明，为了银杏树的归属而大打出手，可到最后，什么也捞不着。这种精明，只是"世俗的精明"，却缺乏内心的积淀，必然要承受不可逆转的千疮百孔的伤害，随着时间的蹉跎，遗失了从容与淡定。只有能忍者，才能充分地享受自己的人生，理解幸福的含义。

人的生命何其短暂，我们可以做的事情那么多，为什么要和自己过不去呢？我们无法预知未来，但我们可以把握现在，凡事忍一忍，一切都可以过去了。刺猬一样的人，纵然能得到一时的小利，却难免失去长远的大利。只有能忍耐者，才因为暂时的不计较，而得到长久的安宁和幸福。

学会适应对方

贤德之人，总是能够忍受自己的种种不适，去适应别人。因此，他们往往受到人们的拥戴，成为流芳千古的英雄人物。

在美国印第安保护区有个原始部落，这个部落的人一直赤身裸体地活动，即使是集会也不例外。外界的文明自然无法容忍这种行为，因此，这个特别的风俗，让这个原始部落饱受外人的白眼与嘲笑，但即使如此，他们仍然不愿意改变这个传统。

有一年，这个原始部落不幸发生瘟疫，全部的族人几乎都被感染。为了活命，他们决定到邻近的城镇里，邀请一位当地有名的医生前来帮助他们治病。然而，这位医生一想到他们的传统，便感到相当为难。但是，这位医生心地善良，看着跪在地上的求助者，医生的使命感与责任感不断地被激起，最终他还是勉为其难答应了。

当这个使者回家告诉这个部落里的族人时，他们高兴地欢呼起来，但是接着，又出现了一件麻烦事，那就是他们那个奇怪的习俗。为了迎接医生的到来，原始部落的族人们紧急开会决议，为了尊重这位名医，他们决定破例穿上衣服。所以，这天所有人都特别穿上了衣服，有的人甚至打上了领带，聚集在教堂里，等待医生的到来。

悠扬的钟声响起，医生缓缓地走了进来，然而眼前的情景，却让在场的每一个人都愣住了，这也包括医生本人。因为，老医生背着沉重的医疗器材走进来时，身上居然一丝不挂！

有些人可能把这个故事当成了笑话，印第安人和医生都在做和对方背道而驰的事情，但你会被这些人的善良感动。一方为了外界的文明，一方为了部落里的习俗，他们的心是向善的，他们的行为是高尚的。他们忍受住了自己的不适，为了对方，打破了心中对条条框框的束缚。有愉快、礼貌、谦和、诚恳的态度，又有忍耐精神的人，是一个幸运的人。因为他在适应对方的同时，获得了对方的认可，获得了进步的阶梯。

忍耐是成功的手段，细看人生，何尝不是在忍中学习、忍中成长、忍中有得。可是，我们却往往忽略了"忍"的功用，于关键时刻，反而失掉了忍的功夫，铸成大错，一生悔痛，永难弥补。忍小为谋大，只有忍耐此时的艰辛，忍耐此时的落寞，才能成就彼时的成功。

不将侮辱放在心上

做大事的人面对敌人的侮辱从来就不放在心上。所以，对于别人的侮辱，我们没有必要大动肝火，欲置之死地而后快，因为立场的问题，难免有针锋相对、你死我活的纷争。如果此时，你能表现得大度，则更显你的气度。这是成熟人性的一种表现。面对敌人的污辱，最有效的办法还是诉诸比我们更强大的力量。如果我们可以忘记一切，侮辱也就无足轻重了。

齐达内是世界著名的足球健将，参加过四届世界杯比赛。这位让全世界球迷为之倾倒的球星在他的足球生涯中多次被评为"足球先生"。他的足球技术炉火纯青，脚下功夫犹如武术中的"七星剑法"，任何球在他的脚下都会服服帖帖、功力无比。他带领法国队取得了一系列辉煌战果，总是在关键的时候屡建奇功。

在告别足坛的比赛中，齐达内所在的法国队与意大利队在90分钟的比赛中战成1：1平，双方进入加时赛。这对于齐达内来说，也就是延长了他向全世界球迷精彩谢幕的机会。全世界的球迷也都在期待着齐达内最后的表演。

在万众瞩目，比赛进行到110分钟时，齐达内却做出了让人们意想不到的举动。他在远离足球的地方愤怒地用头撞向意大利队后卫马特拉齐的胸口，后者应声倒地，阿根廷主裁判埃利松多在与助理裁判交换意见后，向齐达内掏出了红牌。

被球迷称为"齐祖"的一代大师就这样不太光彩地告别了自己的职业生涯，不仅令齐达内本人遗憾，而且更令全世界的球迷伤心。齐达内的下场对队友心理上的影响是不言而喻的，这张红牌在某种程度上断送了法国队最后的希望，在后来的点球大战中，意大利捧走了大力神杯。

当然，马特拉齐使用了辱骂这种不光彩的手段在先，但是马特拉奇齐了齐达内什么而让他如此愤怒，不是人们关注的焦点，最重要的是，一个久经沙场的足球先生竟然在此关键时刻失去理智，做出鲁莽之举，实在是令球迷失望，也让一代英雄就此黯然失色。

每个人的一生都不可能没有敌手，很多人面对敌人的侮辱总是不能释怀，因此才在关键时刻丧失了尊严。要求自己去体谅一个自大、傲慢、尖酸、刻薄、自私、自傲或粗鲁的人，这确实是一个很大的考验。经受住考验的人，必然在阴霾的天气里也能享受到心灵的灿烂阳光。

当我们告别了怨恨时，也就拥有了一份愉悦的心情；当我们忘记侮辱，也就拥有了宽广的胸襟。

谦让成就"将相和"

对于"负荆请罪"的典故，我们每个人都耳熟能详，蔺相如以忍耐而获得了同样功绩卓越的廉颇的敬重，成为千古佳话。无独有偶，汉朝的陈平和周勃，这一文一武两位明臣，在历史上也曾经演绎了一出"将相和"。

汉文帝是汉高祖的庶子，被封为代王。他为人仁慈宽厚，当残暴篡权的吕后死后，朝中拥戴文帝继位。

然而诸吕结党，欲谋叛乱，文帝尚未登基，在这个节骨眼上，丞相陈平与太尉周勃共商大计，终于灭掉诸吕夺回政权。周勃消灭吕氏集团，功劳卓越。但是陈平一直被尊为丞相。武将周勃心有不平，虽然没有具体表现出来，聪明的陈平却感觉到了，于是他寻找机会向皇上阐述周勃的功劳。

一天，汉文帝升殿，发现丞相陈平没有上朝，他问道："丞相陈平为何不来？"站在下面的太尉周勃站出来说道："丞相陈平正在生病，体力不支，不能叩见皇上，请皇上原谅。"汉文帝心里纳闷儿，昨日还见他身体好好的，怎么今天就病了？不过他不动声色，只是说："好，知道了，退下。"

汉文帝退朝后便特意到陈平家去探视。陈平非常感动，同时他觉得时机到了，对文帝讲了心里话："皇上太仁慈了，可我对不起皇上的一片爱臣之心，我犯了欺君之罪呀！"并借此机会欲把相位让给周勃的想法说了出来。汉文帝问："为什么？"

陈平诚恳地说："高祖在时，周勃的功劳不如我；诛灭诸吕时，我的功劳却不如太尉（周勃）。所以我愿意把相位让给他，恳请皇上恩准。"

文帝本来不知消灭诸吕的细节，他是在诸吕倒台后，才被陈平和周勃接到长安的。听了陈平的解释，才知周勃立下了大功，便同意了陈平的请求，任命周勃为右丞相，位居第一，任陈平为左丞相，位居第二。周勃听闻陈平将相位让给自己之后，十分愧疚，便假称有病，向文帝提出辞呈。汉文帝非常理解周勃的心情，批准周勃的辞呈，任命陈平为丞相（不再设左丞相）。陈平辅佐文帝，励精图治，为汉朝兴盛打下了基础。

陈平和周勃两位老臣，都是汉朝开国元老，却"虚己盈人"，互让相位，光彩照人。他们不为己利，从国家社稷着想，谦虚相让，很值得今人学习。现在的社会，人们注重竞争，却往往忽略了谦让。于是，为一位之争，互相攻击揭短；为一己私利，互相倾轧排挤，浪费了精力，也误了才华施展。

做人境界之高低，往往体现在处理矛盾的不同方法上，有人善于化解矛盾，有人善于激化矛盾。大家同在一片蓝天下，难免时有矛盾发生。而矛盾最多也是最激烈的，往往是争利夺位，有时甚至是争得势不两立、不共戴天。其实这种人实在是钻了牛角尖，人生短短几十年，能够在一起，也是一种缘分，何必争来争去闹得大家都不愉快呢？即使要为合理的东西去争夺，也必须讲究策略。有些东西即使你费尽九牛二虎之力，也争夺不来的，反而两败俱伤，最重要的是误了你的"下一步"。

人生好比行路，总会遇到道路狭窄的地方。每当此时，最好停下来，让别人先行一步。如果心中常有这种想法，人生就不会有那么多争执了。忍让一步是一种智慧，是为了前进，通常，越是不争的人，越是可以赢得胜利。

让他比你更优越

法国哲学家罗西法古说："如果你要得到仇人，就表现得比你的朋友优越吧；如果你要得到朋友，就要让你的朋友表现得比你优越。"在人际交往的世界里，那些聪明、谦让而豁达的人总能赢得更多的朋友，相反，那些妄自尊大，高看自己，小看别人的人总会引起别人的反感，最终在交往中使自己走到孤立无援的地步。

明朝的徐达，智勇兼备，是朱元璋手下的一员得力干将。几乎每逢重大战役他都要被委任为主帅。朱元璋在每次出征前总要对他说："将在外，君不御，将军认为该如何就如何好了。"话虽每次都这么说，但他随时随地控制着徐达，他的心腹无时不在监视着徐达的一举一动。徐达深知其中机关，所以，并不因为朱元璋的那句话而肆意妄为，而是每逢稍大一点的事都必然派亲信报给朱元璋，处处突出朱元璋的主体地位，让他有一个做"上司"的优越感，因而才一直没有遭贬甚至被加害的厄运，君臣关系相处得不错。

现代社会也不乏这样把优越感让给别人的事例，他们不但把优越感分给上司，还分给同事、下属。我们通常所见那些备受爱戴的领导人，通常都是为人十分低调，把工作的成绩能够分给每一个自己身边的人，他们在受到表彰和嘉奖时，通常会说："这不是我一个人的荣耀，这是整个集体的荣耀，是整个集体的功劳，我没什么可以炫耀的，要嘉奖就嘉奖在座的所有人吧，是他们创造了我们厂的奇迹！"而总是处处凸现自己的人，会遭到别人的冷落。

　　邱丽云是湖南某市人事局的一名职员。由于她近几年工作十分勤奋，取得了不错的成绩，于是人事局领导经过几番讨论研究，派她到市的某一区人事局做主任。

　　在她刚到区人事局当主任的几个月当中，她正春风得意，对自己的机遇和才能满意得不得了。她觉得自己高高在上，不可一世，在各种汇报中都大谈自己的成绩，如何拼搏取得，却很少言及朋友、下属甚至上司的功劳。她周围的人听了之后都非常不高兴，对她避之唯恐不及。这使她百思不得其解。过了一段时间，她发现虽然她仍是个主任，但是很少有员工买自己的账，甚至连上面的几位局长都不愿理她。她觉得自己活得很空虚、很孤独，每天坐在办公室里唉声叹气。

　　最后终于有一位朋友一语点破了她的处世原则，她这时才意识到自己的症结在于不能忍耐，不能把优越感让给别人。从此她开始很少谈自己而多听朋友说话，因为他们也有很多事情要说，把他们的成就说出来，远比听别人吹嘘更令他们兴奋。后来，每当她有时间与朋友闲聊，她总是先请对方滔滔不绝地把他们的欢乐炫耀出来，与其分享，而只是在对方问她的时候，才谦虚地说一下自己的成就，慢慢地她的人缘又好了起来。

当我们的朋友表现得比我们优越时，他们就有了一种被尊为重要人物的感觉，但是当我们表现得比他们还优越，他们就会产生一种自卑感，羡慕和嫉妒的情绪便会产生。聪明人早已认识到了这一点，所以他们从来不自己独享荣耀，也不与朋友平分荣耀，他们做的只是把优越感让给别人。

日常工作中不难发现这样的人，其人虽然思路敏捷，口若悬河，但一说话就令人感到他很狂妄，因此别人很难接受他的任何观点和建议。这种人总想让别人知道自己很有能力，处处想显示自己的优越感，从而能获得他人的敬佩和认可，结果却往往适得其反，失掉了在朋友中的威信。

如果你的目的只是与人争个高低，那么你可以继续你的头破血流的"事业"，如果你还有更高的目标，那么就赶快抛开这没有任何意义的竞争，学会忍耐，敢于低下头，把优越感让给别人，相反，你会因此而受益匪浅。

饶恕别人等于帮助自己

古人为人处世，总是为别人处处留有余地，人们信奉这样一句话："处事须留余地，责善切戒尽言。"留余地，就是不把事情做绝，不把事情做到极点，于情不偏激，于理不过头。这样，才会使自己得到最完美无损的保全。

战国时，楚庄王赏赐群臣饮酒，他的宠姬作陪。宴席一直延续到夜幕降临，庄王命人掌灯继续畅饮。正当酒喝得酣畅之际，灯烛被风吹灭了。这时有一个人因垂涎于楚庄王美姬的美貌，加之饮酒过多，有些失控，便趁烛灭混乱之机，抓住了美姬的衣袖。

美姬一惊，奋力挣脱，并顺势扯断了那人头上的系缨，私下对楚庄王说要查明此事，并严惩此人。庄王听后沉思片刻，心想："赏赐大家喝酒，让他们喝酒而失礼，这是我的过错，怎么能为女人的贞节而辱没将军呢？"于是命令左右的人说："今天大家和我一起喝酒，如果不扯断系缨，说明他没有尽欢。"于是群臣一百多人都扯断了帽子上的系缨，待掌灯之后，大家继续热情高涨地饮酒，一直饮到尽欢而散。

过了三年，楚国与晋国打仗，有一个臣子常常冲在最前边。楚庄王感到惊奇，忍不住问他："我平时对你并没有特别的恩惠，你打仗时为何这样卖力呢？"他回答说："我就是那天夜里被扯断了帽子上的系缨的人。"

人生就是这样，饶得人才助得己。不让别人为难，才会不让自己为难，让别人活得轻松，也会让自己活得自在，这就是留余地的妙处。给别人留有余地，他一定会感激你、协助你，这也就等于给了自己一次成功的机会。正因为楚庄王给臣子留了余地，才换来了下属的忠心耿耿。

而得理不饶人，让对方走投无路，则有可能激起对方"求生"的意志，而既然是"求生"就有可能是不择手段，一些严重的人身伤害也在所难免，好比老鼠关在房间内，不让其逃出，老鼠为了求全，将咬坏你家中的器物。放它一条生路，它"逃命"要紧，便不会对你造成伤害。而换作有思想的人类，还可能因为你的饶恕，而对你感激，并付出更多来报答你。

有位哲人说："把自己当成别人，把别人当成自己。那么，你就是一个快乐的人。"特别是当别人得罪了你时，你更要能站在他的位置进行换位思考，学会容忍别人，像容忍自己一样容忍他人，你不但会得到心灵的释放，同时还会获得珍贵的友谊。

理直也要气和

这是一家餐馆。

"小姐！你过来！你过来！"顾客粗鲁地高声喊，指着面前的杯子，满脸寒霜地说，"看看！你们的牛奶是坏的，把我一杯红茶都糟蹋了！"

"真对不起！"服务小姐微笑着赔不是，"我立刻给您换一杯。"

新红茶很快就准备好了，碟子上放的东西跟前一杯一样，放着新鲜的柠檬和牛奶。服务小姐礼貌地轻轻放在顾客面前，然后又轻声地说："我是不是能建议您，如果放柠檬，就不要加牛奶，因为有时柠檬酸会造成牛奶结块。"

顾客立刻明白了自己的错误，脸倏地红了，他匆匆喝完茶，走了出去。有人笑问服务小姐："明明是他错了，你为什么不直说呢？他那么粗鲁地叫你，你为什么不还以颜色？"

"正因为他粗鲁，所以要用婉转的方法对待；正因为道理一说就明白，所以用不着大声！"服务小姐说，"理不直的人，常用气势来压人。理直的人，要用和气来交朋友！"

每个人都点头笑了，对这家餐馆增加了许多好感。往后的日子，他们常看到，那位曾经粗鲁的客人，和颜悦色、轻声细语地与服务小姐寒暄。

多么令人敬佩的"理直气和"，这位服务员能让一位粗鲁顾客变得和颜悦色，可以说"忍耐"的性格功不可没。没有她的忍耐，就没有对方的理智，忍耐而理直气和，则让人的性格更显张力，获得更多朋友的青睐。

现实生活中，让人生气、令人发怒的事是随时可能发生的，但作为一个有头脑的、冷静的人，为了更好地生活和工作，理智地处理各种不愉快，就需要忍住怒气，用平和对待挑剔。如果不忍，任意地放纵自己的怒气，首先伤害的就是自己。如果对方是你的对手、仇人，有意气你、激你，你不忍住怒气保持头脑清醒，就容易被人牵着鼻子走，中了人家的计。所以孔子云："一朝之忿，忘其身，以及其亲，非惑欤？"言下之意即因一时气愤不过，就胡作非为起来，这样做显然是很愚蠢的。只有用不气不恼的心胸去对待这些气恼的事情，才会产生好的效果。

林肯做总司令时，有一个叫胡克的下属。胡克曾经粗鲁、不公正地批评林肯，这使他的上司——林肯的好友伯恩赛德感到十分难堪。但林肯毫不计较，而是充分发挥胡克的优点，为自己所用。伯恩赛德退休以后，林肯提拔胡克，接替了伯恩赛德的职务。

但是误会依然存在，为了让被提拔的胡克得知真相，林肯以一种既不让他出丑，也不点燃怒火的方式告诉了他，他写了一封密信，用理智的方式化解了和胡克之间的矛盾。

以下就是这封信的全文：

"少将：

我已任命了你为波托马克军的首领。我这样做当然有自己充分的理由，然而我依然认为你最好知道，我对你依然有很多不太满意的地方。

我相信你是一位勇敢又有才华的军人，当然，这是我喜欢的。

我也相信你不会把你的职业与政治倾向相混淆，这一点你是正确的。

你有充分的自信心。如果这不是必不可少的优点，至少是有价值的优点。

你雄心勃勃，在合情合理的范围内，它利大于弊。但是，我认为你在接受伯恩赛德将军统率时，这种雄心受到过挑战。在这一点上，你犯了一个大错误，不管是对国家，还是对那位战功卓著和值得尊敬的长官。

最近，我听你说过，无论是军队还是政府都需要一位最高统帅，我也相信你的观点。因为这方面的原因，但不仅仅因为如此，我给你下达了任命。只有那些赢得成功的将军才可以成为统帅。

我现在要求你的是取得军事上的成功，而我自己也冒着独断专行的危险。

政府将尽最大的能力来支持你，不会比以往的多，但也不会比以往的少，而且将会对所有的司令官一视同仁。批评自己长官甚至使他丧失自信心，我担心这些由你带入军队的思想会发生在你自己的身上。我会尽我最大的努力来帮助你控制它。无论是你，还是拿破仑（如果他还活着的话），都无法从一个弥漫着这种情绪的军队里有所收获。

现在，请克服这种轻率，保持旺盛的精力，勇往直前，争取伟大的胜利。"

作为下级，胡克胡乱批评长官的行为是过分的，是轻率的。然而，对胡克的不公正的批评，林肯采取了忍耐，并提拔为己用，从而用"理直气和"获得了这位有敌对情绪的下属的尊重。

有理不在声音大，有理更应"让三分"。许多时候，常常是因为我们的"暴跳如雷"，而使我们由"有理"变得"无理"，不仅失去了朋友，也失去了礼貌，还失去了风度。而学会忍耐，在低姿态处理矛盾中，则彰显了个人的魅力。

理直气壮是人之常情，理直气和是为人处世的策略，是更高一筹的智慧。气和谐，心胸宽，则人脉必广。

第五章

靠天靠地，不如靠淡定

世上本无事，庸人自扰之

一个年轻人四处寻找解脱烦恼的秘诀。他见山脚下绿草丛中一个牧童在那里悠闲地吹着笛子，十分逍遥自在。

年轻人便上前询问："你那么快活，难道没有烦恼吗？"

牧童说："骑在牛背上，笛子一吹，什么烦恼都没有了。"

年轻人试了试，烦恼仍在。

于是他只好继续寻找。

他来到一条小河边，见一老翁正专注地钓鱼，神情怡然，面带喜色，于是便上前问道："你能如此投入地钓鱼，难道心中没有什么烦恼吗？"

老翁笑着说："静下心来钓鱼，什么烦恼都忘记了。"

年轻人试了试，却总是放不下心中的烦恼，静不下心来。

于是他又往前走。他在山洞中遇见一位面带笑容的长者，便又向他讨教解脱烦恼的秘诀。

老年人笑着问道："有谁捆住你没有？"

年轻人答道："没有啊？"

老年人说："既然没人捆住你，又何谈解脱呢？"

年轻人想了想，恍然大悟，原来是被自己设置的心理牢笼束缚住了。

世上本无事，庸人自扰之。其实很多时候，烦恼都是自找的，要想从烦恼的牢笼中解脱，首先要做到"心无一物"，放下心中的一切杂念，不为外物的悲喜所侵扰，才能够抛却一切的烦恼，得到内心的安宁。

萧伯纳说过："痛苦的秘诀在于有闲工夫担心自己是否幸福。"故事中的年轻人，四处寻找解脱烦恼的秘诀，却不知道这其实将带来更多的烦恼。许多烦恼和忧愁源于外物，却是发自内心，如果心灵没有受到束缚，外界再多的侵扰都无法动摇你宁谧的心灵；反之，如果内心波澜起伏，汲汲于功利，汲汲于悲喜，那么即便是再安逸的环境，都无法洗脱你心灵上的尘埃。正所谓"菩提本无树，明镜亦非台，本来无一物，何处惹尘埃"，一切的杂念与烦忧，都源自动摇的心旌所激荡起的涟漪，只要带着牧童牛背吹笛、老翁临渊钓鱼的心绪，而不去自寻烦忧，那么，烦扰自当远离。

把生活当情人，允许他发个小脾气

在生活中，有些人因为阅历不够，常常会碰到一些无法改变的事情。遇到这些事情，不要去硬拼，没必要非弄个鱼死网破，因为鱼死了网也未必会破；也不必弄个玉碎瓦全，因为碎了的玉和瓦没多大区别，不如去顺应、去配合，把自己磨得圆滑一些。

生活中发生的很多事情也许将我们磨得失去了耐性，可是没有办法改变，又能怎么办呢？最好的办法，就是把生活当成自己的小情人吧，在经受挫折时，就当是他在发脾气，不要与他计较，哄哄他也是一种生活的情调。

小张是一所名牌大学的高才生，他不仅成绩出众，还是校学生会的主席，大学毕业后，他如愿以偿来到一家外资企业工作。可是不久他就发现，自己在公司干的都是些打杂的事情。

从名牌大学的高才生到别人的"助理"，这样的现实让小张很难接受，特别是别人动不动就使唤他，让小张觉得尊严受到了挑战。他有时咬牙切齿地干完某事，又要笑容可掬地向有关人员汇报说："已经做好了！"如此违心的两面派角色，他自己都感到恶心。有几次，他还与同事争吵起来。

时间一长，小张的日子就不好过了，同事们几乎没人理他，孤傲的小张更加孤独了。

生活就是这样，当你没办法改变世界时，唯一的方法就是改变自己。还有另一个故事：

许多年前，一个妙龄少女来到东京酒店当服务员。这是她的第一份工作，因此她很激动，暗下决心：一定要好好干！她想不到：上司安排她洗厕所！洗厕所，说实话没人爱干，何况她从未干过粗重的活儿，细皮嫩肉、喜爱洁净的她干得了吗？她陷入了困惑、苦恼之中，也哭过鼻子。

这时，她面临着人生的一大抉择：是继续干下去，还是另谋职业？继续干下去——太难了！另谋职业——知难而退？她不甘心就这样败下阵来，因为她下过决心：人生第一步一定要走好，马虎不得！这时，同单位一位前辈及时出现在她面前，帮她摆脱了困惑、苦恼，帮她迈好了人生的第一步，更重要的是帮她认清了人生之路应该如何走。他并没有用空洞的理论去说教，只是亲自做给她看了一遍。

首先，他一遍遍地擦洗着马桶，直到光洁如新；然后，他从马桶里盛了一杯水，一饮而尽，竟然毫不勉强。实际行动胜过万语千言，他不用一言一语就告诉了少女一个极为朴素、极为简单的真理：光洁如新，要点在于"新"，新则不脏，因为不会有人认为新马桶脏，也因为马桶中的水是不脏的，所以是可以喝的；反过来讲，只有马桶中的水达到可以喝的洁净程度，才算是把马桶擦洗得"光洁如新"了，而这一点已被证明可以办得到。

同时，他送给她一个含蓄的、富有深意的微笑，送给她关注的、鼓励的目光。这已经够用了，因为她早已激动得几乎不能自持，从身体到灵魂都在震颤。她目瞪口呆，热泪盈眶，恍然大悟，如梦初醒！她痛下决心："就算一生洗厕所，也要做一名洗厕所洗得最出色的人！"

从此，她成为一个全新的、振奋的人，她的工作质量也达到了那位前辈的高水平。当然，她也多次喝过马桶水，为了检验自己的自信心，为了证实自己的工作质量，也为了强化自己的敬业心。

在生活和工作中，我们会遇到许多的不如意。比如，你是一个刚毕业的学生，很喜欢编辑的工作，可是放在你面前的就只有文员的角色；你正处于事业的爬坡期，你以为升职的名单里会有你，可是另一个你认为不如你的人却代替你升了职……既然改变不了事实，那么我们何不顺应环境，厘清思绪，让自己重新开始呢？

生命短促，不要过于顾忌小事

事事计较、精于算计的人，不但容易损害人际关系，从医学的观点看，也对自己的身体极其有害。《红楼梦》里的林黛玉，虽有闭月羞花、沉鱼落雁的美丽容貌，可总是患得患失，别人一句无意的话都会让她辗转反侧，难以入眠，抑郁不已，再加上情感上的打击，终于落得个"红颜薄命"的悲惨结局。

世上有许多类似的情节，皆为一句话、一个小举动弄得反目成仇，到头来失去朋友、断了交情，可谓得不偿失。古语有云"小不忍则乱大谋"，一点不假。

人生之事，只要不是原则性的大事，得过且过又何妨？人活在世上，理应开朗、豁达，活得超脱一些；凡事斤斤计较，只是徒增烦恼罢了。

我们活在这个世上只有短短的几十年，而浪费很多不可能再补回来的时间去忧愁一些很快就会被所有人忘了的小事，值得吗？请把时间只用在值得做的事情上，去经历真正的感情，去做必须做的事情。生命太短促了，不该再顾忌那些小事。

放开自己，不纠结于已失去的事物

生活中有一种痛苦叫错过。人生中一些极美、极珍贵的东西，常常与我们失之交臂，这时的我们总会因为错过美好而感到遗憾和痛苦。其实喜欢一样东西不一定非要得到它，当你为一份美好而心醉时，远远地欣赏它或许是最明智的选择，错过它或许还会给你带来意想不到的收获。

美国的哈佛大学要在中国招一名学生，这名学生的所有费用由美国政府全额提供。初试结束了，有30名学生成为候选人。

考试结束后的第10天，是面试的日子。30名学生及其家长云集锦江饭店等待面试。当主考官劳伦斯·金出现在饭店的大厅时，一下子被大家围了起来，他们用流利的英语向他问候，有的甚至还迫不及待地向他做自我介绍。这时，只有一名学生，由于起身晚了一步，没来得及围上去，等他想接近主考官时，主考官的周围已经是水泄不通了，根本没有插空而入的可能。

他错过了接近主考官的大好机会于是有些懊丧起来。正在这时，他看见一个异国女人有些落寞地站在大厅一角，目光茫然地望着窗外，他想：身在异国的她是不是遇到了什么麻烦，不知自己能不能帮上忙？于是他走过去，彬彬有礼地和她打招呼，然后向她做了自我介绍，最后他问道："夫人，您有什么需要我帮助的吗？"接下来两个人聊得非常投机。

后来这名学生被劳伦斯·金选中了，在30名候选人中，他的成绩并不是最好的，而且面试之前他错过了跟主考官套近乎、加深自己在主考官心目中印象的最佳机会，但是他无心插柳柳成荫。原来，那位异国女子正是劳伦斯·金的夫人。

这件事曾经引起很多人的震动：原来错过了美丽，收获的并不一定是遗憾，有时甚至可能是圆满。许多的心情，可能只有经历过之后才会懂得，如感情，痛过了之后才会懂得如何保护自己，傻过了之后才会懂得适时地坚持与放弃。在得到与失去的过程中，我们慢慢认识自己，其实生活并不需要这么多无谓的执着，没有什么真的不能割舍的，学会放弃，生活才会更容易！

因此，在你感觉到人生处于最困顿的时刻，也不要为错过而惋惜。失去的折磨会带给你意想不到的收获。花朵虽美，但毕竟有凋谢的一天，请不要再对花长叹了，因为可能在接下来的时间里，你将收获雨滴的温馨和浪漫。

不要让小事情牵着鼻子走

在非洲草原上，有一种不起眼的动物叫吸血蝙蝠，它的身体极小，却是野马的天敌。这种蝙蝠靠吸动物的血生存。在攻击野马时，它常附在野马腿上，用锋利的牙齿迅速、敏捷地刺入野马的腿，然后用尖尖的嘴吸食血液。无论野马怎么狂奔、暴跳，都无法驱逐这种蝙蝠，蝙蝠可以从容地吸附在野马身上，直到吸饱才满意而去。野马往往是在暴怒、狂奔、流血中无奈地死去。

动物学家们百思不得其解，小小的吸血蝙蝠怎么会让庞大的野马毙命呢？于是，他们进行了一次实验，观察野马死亡的整个过程。

结果发现，吸血蝙蝠所吸的血量是微不足道的，远远不会使野马毙命。他们一致认为野马的死亡是它暴躁的习性和狂奔所致，而不是因为蝙蝠吸血致死。

一个理智的人，必定能控制住自己所有的情绪与行为，不会像野马那样为一点小事抓狂。当你在镜子前仔细地审视自己时，你会发现自己既是你最好的朋友，也是你最大的敌人。

上班时堵车堵得厉害，交通指挥灯仍然亮着红灯，而时间很紧，你烦躁地看着手表的秒针。终于亮起了绿灯，可是你前面的车子迟迟不启动，因为开车的人思想不集中，你愤怒地按响了喇叭，那个似乎在打瞌睡的人终于惊醒了，仓促地挂上了挡，而你却在几秒钟里把自己置于紧张而不愉快的情绪之中。

美国研究应激反应的专家理查德·卡尔森说："我们的恼怒有80%是自己造成的。"这位加利福尼亚人在讨论会上教人们如何不生气。卡尔森把防止激动的方法归结为这样的话："请冷静下来！要承认生活是不公正的。任何人都不是完美的，任何事情都不会按计划进行。""应激反应"这个词从 20 世纪 50 年代起才被医务人员用来说明身体和精神对极端刺激（噪声、时间压力和冲突）的防卫反应。

应激反应是在头脑中产生的，在即使是非常轻微的恼怒情绪中，大脑也会命令分泌出更多的应激激素。这时呼吸道扩张，使大脑、心脏和肌肉系统吸入更多的氧气，血管扩大，心脏加快跳动，血糖水平升高。

埃森医学心理学研究所所长曼弗雷德·舍德洛夫斯基说："短时间的应激反应是无害的。"他说，"使人感受到压力的是长时间的应激反应。"他的研究所的调查结果表明：61％的人感到在工作中不能胜任；30％的人因为觉得不能处理好工作和家庭的关系而有压力；20％的人抱怨同上级关系紧张；16％的人说在路途中精神紧张。

理查德·卡尔森的一条黄金规则是："不要让小事情牵着鼻子走。"他说："要冷静，要理解别人。"他的建议是：表现出感激之情，别人会感觉到高兴，你的自我感觉会更好。

学会倾听别人的意见，这样不仅会使你的生活更加有意思，而且别人会更喜欢你；每天至少对一个人说，你为什么赏识他，不要试图把一切都弄得滴水不漏。不要顽固地坚持自己的权利，这会花费许多不必要的精力。不要老是纠正别人，常给陌生人一个微笑，不要打断别人的讲话，不要让别人为你的不顺利负责。要接受事情不成功的事实，天不会因此而塌下来；请忘记事事都必须完美的想法，你自己也不是完美的。这样生活会突然变得轻松许多。当你抑制不住自己的情绪时，你要学会问自己：一年前抓狂时的事情到现在来看还是那么重要吗？不为小事抓狂，你就可以对许多事情得出正确的看法。

现在，把你曾经为一些小事抓狂的经历写下来，然后把你现在对这些事的看法也写下来，对比之下，相信你会有更深的认识，这也正是我们所要传递的精神所在。

抛开烦恼，别跟自己较劲

生活中不顺心的事十有八九，要做到事事顺心，就要做到放得下，不愉快的事让它过去，不放在心上。有一句话说的是：生气是拿别人的错误惩罚自己。如果你总是念念不忘别人的坏处，实际上深受其害的是自己的心灵，搞得自己狼狈不堪，不值得。既往不咎的人，才可能甩掉沉重的包袱，大踏步前进。

有一位企业老总，当有人问起他的成功之路时，他讲了自己的一段切身经历：

"这几年来我一直采用忘却来调整自己的心态。我本来是一个情绪化的人，一遇到不开心的事，心情就糟糕不已，不知道该怎么做好。我知道这是自己性格的弱点，可我找不到更好的办法来化解。直到后来，遇到一位老专家。

"大学刚毕业那段时间，是我心情最灰暗的时候。当时我在一家公司做文员，工资低得可怜，而且同事之间还充满着排斥和竞争，我有些适应不了那里的工作环境。更令人难过的是，相爱三年的女友也执意要离开我，我没有想到多年的爱情竟然经不起现实的考验，我的心在一点一点地破碎。朋友的劝慰似乎都起不到作用，我一味地让自己沉沦下去。除了伤悲，我又能做些什么呢？到最后，朋友建议我去找一位知名的心理专家咨询一下，以便摆脱自己的困境。

"当那位老专家听完我的诉说后，他把我带到一间很小的办公室，室内唯一的桌上放着一杯水。老专家微笑着说：'你看这只杯子，它已经放在这里很久了，几乎每天都有灰尘落入里面，但它依然澄澈透明，你知道是为什么吗？'

"我认真思索，像是要看穿这杯子，是的，这到底是为什么呢？这杯水有这么多杂质，但最终却为什么很清澈呢？对了，我知道了，我跳起来说：'我懂了，所有的灰尘都沉淀到杯子底下了。'老专家赞同地点点头：'年轻人，生活中烦心的事很多，有些是越想忘掉越不易忘掉，那就记住它好了。就像这杯水，如果你厌恶它，使劲摇晃它，就会使整杯水都不得安宁，浑浊一片，这是多么愚蠢的行为。如果你愿意慢慢地、静静地让它们沉淀下来，用宽广的胸怀去容纳它们，这样，心灵并未因此受到感染，反而更加纯净了。'

"我记住了这位老专家睿智的话，以后，当我再遇到不如意的事时，就试着把所有的烦恼都沉入心底，不要与那些不顺的事纠缠。当它们慢慢沉淀下来时，我的生活就马上阴转晴了，变得快乐和明媚起来。"

遗憾的是在生活中，很多人有时候太在意自己的感觉了。比如，你在路上不小心摔了一跤，惹得路人哈哈大笑。你当时一定很尴尬，认为全天下的人都在看着你。但是你如果站在别人的角度考虑一下，就会发现，其实这件事只是他们生活中的一个小插曲，甚至有时连插曲都算不上，他们哈哈一笑，然后就把这件事忘记了。

人生路上，我们只是别人眼中的一道风景，对于一次挫折、一次失败，完全可以一笑了之，不要过多地纠缠于失落的情绪中。你的抱怨只能提醒人们重新注意到你曾经的失败。你笑了，别人也就忘记了。有句话说："20岁时，我们顾虑别人对我们的想法；40岁时，我们不理会别人对我们的想法；60岁时，我们发现别人根本就没有想到我们。"这并非消极，而是一种人生哲学——学会看轻你自己，才能做到轻装上阵。

生活中难免会遇到来自外界的一些伤害，经历多了，自然有了提防。可是，我们却往往没有意识到，有一种伤害并不是来自外部，而是我们自己造成的：为了一个小小的职位、一份微薄的奖金，甚至是为了一些他人的闲言碎语，我们发愁、发怒，认真计较，纠缠其中。一旦久了，我们的心灵就被折磨得千疮百孔，对生活失去热情，对周围的人也冷淡了很多。

假如我们能不为那么一点点的功利所左右，我们就会显得坦然多了，能平静地面对各种荣辱得失和恩恩怨怨，使我们永久地持有对生活的美好认识与执着追求。这是一种修养，是对自己人格与性情的冶炼，从而使自己的心胸趋向博大，视野变得宽广。那么，我们在人生旅途上，即使是遇到了凄风苦雨的日子，碰到困苦与挫折，我们也都能坦然地走过。

生活在现在，面向着未来，过去的一切都被时间之水冲得一去不复返。我们没有必要念念不忘那些不愉快，那些人间的仇怨。念念不忘，只能被它腐蚀，而变得憎恨和怨艾，甚至导致精神崩溃，陷自己于疯狂。

学习忘记之道，让许多愤恨的往事烟消云散，日子久了，激动的情绪也就越来越少，心灵和精神的活力就会得以再生，从而恢复原有的喜悦和自在。

不计较他人的毁誉

生活中，当别人讥讽、辱骂甚至毁谤你时，最高明的态度就是漠视它，就是不闻不问。这样就可以使自己处于主动的位置，尽管对手既惊恐又恼怒，但是无法靠近，纵然有天大的本事也无济于事。

有一位武功高强的武士。在年纪很大以后，武士开始全身心地向年轻人传授禅宗。虽然他年岁已高，据说仍然所向无敌。

有一天，一位年轻武士前来拜访。这位年轻武士以胆大妄为著称，也以技巧高超而闻名。他会等对方先出手，然后利用自己高超的才智来评估对手的错误，再以迅雷不及掩耳的速度进行反击。

这位年轻气盛的武士还从来没有打过败仗，因久仰老武士的声名，前来挑战，想借此提高自己的名望。

老武士不顾弟子们的反对，接下了挑战书。

大家都来到市区的大广场上，年轻武士开始侮辱老武士，对他扔了几块砖头，往他脸上吐口水，用尽所有脏话辱骂他的祖宗八代。年轻武士花了好几个小时，费尽了心机，想以此激怒老武士。不过，老武士仍然不为所动。直到最后，年轻气盛的武士缩手了，精疲力竭又倍感羞辱。

老武士的弟子看到自己的师父受辱而不反击，非常失望，就忍不住问他："他那么过分，师父怎么能忍受？尽管真正动起手来可能会吃败仗，至少也不会让我们这些做弟子的看到您懦弱的一面啊！"

"假设有人带着礼物来见你，你不收下礼物的话，礼物应该归谁？"老武士问众弟子。

"归送礼的人。"弟子们回答。

"嫉妒、愤怒与侮辱也是同样的道理。"老武士说，"如果这些东西你都拒收的话，它们还是归对方所有。"

在这个世界上，没有比漠视更好的惩罚手段了，把那些人埋藏在他们愚昧的灰烬中；让他们自己的唾沫淹没他们自己；让他们的耳光都回应到他们自己身上。化解各种风波和平息流言蜚语的不二法门就是对其置之不理。指责他们只会给自己带来侮辱，对他们反唇相讥只会使自己的荣誉受损。

受辱时，漠视他人，不计较他人的毁誉，那么，受辱者就是对方了。

下次，当你面对他人的打击或厄运时，你要做的第一件事是调整心态，然后做出正确的选择，在实际行为上显示出自己强烈的意志力和自控力，这样才是一种理性的自我完善。

如果没有坏消息，受点欺骗也不算什么

阿根廷著名的高尔夫球手罗伯特·德·温森多有一次赢得一场锦标赛。领到支票后，他微笑着从记者的重围中出来，到停车场准备回俱乐部。这时候一个年轻的女子向他走来。她向温森多表示祝贺后又说她可怜的孩子病得很重——也许会死掉——而她却不知如何才能支付起昂贵的医药费和住院费。

这位年轻的女子泪流满面。她看着温森多，眼里充满了祈求和希望。看起来她很爱自己的孩子，正在为也许会离开人世的孩子而感到绝望。温森多被她深深打动了。他二话没说，掏出笔在刚赢得的支票上飞快地签了名，然后塞给那个女子。

"这是这次比赛的奖金，祝可怜的孩子好运。"他说道。接着他便驾车离去，甚至没有问那位女子的姓名。

一个星期后，温森多正在一家俱乐部进午餐，一位职业高尔夫球联合会的官员走过来，神色颇为凝重。他问温森多一周前在停车场是不是遇到一位自称孩子病得很重的年轻女子。

"是停车场的孩子们告诉我的。"官员说。

温森多点了点头，感觉这其中出了什么事情。

"哦，对你来说这是个坏消息，"官员说道，"那个女人是个骗子，她根本就没有什么病得很重的孩子。她甚至还没有结婚哩！温森多，你让人给骗了！我的朋友。"

"你是说根本就没有一个小孩子病得快死了？"温森多的脸显得异常的明亮。

"是这样的，根本就没有。"官员答道。

温森多长吁了一口气。"这真是我一个星期来听到的最好的消息。"温森多说。

对生活不要计较太多，我们或许该对生活充满感恩，每天在清晨醒来应该庆幸自己还好好地活着，如果有人关爱我们，就要更加懂得珍惜眼前的一切。

舍弃一些看起来无关紧要的东西，你的人生会走得更加洒脱，而你也会得到比失去之前更加真实的快乐。对温森多而言，好消息——"根本就没有一个小孩子病得快死了"和一笔可观的财富——锦标赛冠军奖金之间，哪一样是他真正的快乐源泉？显然是前者。他放弃与骗子计较寻回奖金，而在人性的大关爱中得到了快乐，这是以舍为得的境界。如果斤斤计较于小利之"失"，你便有可能错过一场于你的生命而言最大的"得"。

想开了是天堂，想不开就是地狱

生活在凡尘俗世中的人，注定逃不脱世俗的牵绊，与其为外境所困，不如用一颗宁静淡泊的心平和对待。

若能得到宽心这般的智慧，定能够成为驾驭完美生活的熟练舵手，驾驶生命之舟纵情畅游。

有一个弟子打坐之时，总觉得有一只五彩斑斓的蜘蛛在自己身上爬来爬去，他常常被惊吓得无法入定，于是，他便将这事告诉了禅师。

老禅师递给他一支笔，说："下次这只蜘蛛再出现时，你把它出现的位置画下来，这样才可以知道它从何而来，才能想办法驱逐。"

当这名弟子再次打坐时，蜘蛛又出现了，他标下蜘蛛的位置，急匆匆地找到禅师。

老禅师指着弟子画的圈，问道："难道你还不知它从何而来吗？"

弟子低头一看，只见这个圈正画在自己心的位置。

五色蜘蛛，不在别处，只是源于自己内心的妄念，因而由心所生。佛经上说，"心净则国土净"，心中澄明，则处处是净土，心中有碍，则处处是炼狱。

日本明治时代有一位著名的南隐禅师，他境界很高，常常能用一两句话给人以深刻的点拨，很多人慕名而来问佛参禅。

有一天，有一位官员前来拜访，请南隐禅师为他讲解何谓天堂、何谓地狱，并希望禅师能够带他到天堂和地狱去看一看。

南隐禅师面露鄙夷之色，细细打量了他一番，然后问道："你是何人？"

官员说："在下是一名将军。"

南隐禅师哈哈大笑，并用很刻薄的语言嘲笑道："就你这一副模样，居然也敢称自己是一名将军！真是笑死人了！"

官员大怒，立刻让身边的差役棒打南隐禅师。南隐禅师跑到佛像之后，露出头来对着官员喊："你不是让我带你参观地狱吗？看，这就是地狱！"

官员顿时明白了南隐禅师所指，心生愧疚，并被南隐禅师的智慧折服，于是走到禅师面前，恭恭敬敬地低头道歉。

南隐禅师笑着说："看啊，这不就是天堂了吗？"

在听到南隐禅师的辱骂之后，这名官员尚未思考禅师的用意便勃然大怒，一念之间，便坠入了地狱；反之，当他以坦然平和的心境对待所发生的事情时，天堂也就在眼前了。这正是一念天堂，一念地狱。

天堂与地狱只在一念之间，可以海阔天空，也可以在愁闷中度日，可以心境自在，也可以终日闷闷不乐，完全在于自己的选择，而这种选择也决定了一个人将成为快乐生活的主人还是忧愁烦恼的奴隶。

第六章

和气不生财，也能生出情谊来

为了使自己快乐，请先宽容别人

宽容是一种博大，它能包容人世间的喜怒哀乐；宽容是一种境界，它能使人生跃上新的台阶。送人玫瑰，手有余香，宽容别人，善待别人，其实就是宽容和善待自己。

法国19世纪的文学大师雨果说过这样一句话："世界上最宽阔的是海洋，比海洋宽阔的是天空，比天空更宽阔的是人的胸怀。"在生活中学会宽容，你便能明白很多道理。

"处处绿杨堪系马，家家有路到长安。"宽厚待人，容纳非议，是事业成功、家庭幸福美满之道。事事斤斤计较、患得患失，活得也累，难得人世走一遭，潇洒最重要。因此说，宽容就是潇洒。

世界由矛盾组成，任何人或事都不会尽善尽美。无论是"患难之交""亲朋好友"，还是"金玉良缘""模范丈夫"，都是相对而言。他们的矛盾、苦恼常被掩饰在成功的光环下，而掩盖的工具恰恰是宽容。不必羡慕别人，更不要苛求自己，常用宽容的眼光看世界，事业、家庭和友谊才能稳固和长久。

同事的批评、朋友的误解，过多的争辩和"反击"实不足取，唯有冷静、忍耐、谅解最重要。相信这句名言："宽容是在荆棘丛中长出来的谷粒。"能退一步，天地自然宽。因此说，宽容就是忍耐。

人人都有痛苦，都有伤疤，动辄去揭，便添新伤，旧痕新伤难愈合。忘记昨日的是非，忘记别人先前对自己的指责和谩骂，时间是良好的止痛剂。学会忘却，生活才有阳光，才有欢乐。因此说，宽容就是忘却。

"小不忍，致大灾"；"忍一时之气，免百日之忧"。古往今来，人世间多少憾事、多少不幸、多少悲剧、多少恐怖都是因为人与人之间争强斗气，不能相互宽容而发生的。

很久以前，有一个老禅师夜晚出房门巡夜时，发现墙边有一把椅子，他一看就知道有小和尚违背寺规私自溜出去了。老禅师没有声张，走到墙边，移开椅子，就地蹲在那里。过了一会儿，一个小和尚在黑暗中踩着老禅师的脊梁跳进了院子。当他双脚着地时，惊觉刚才踏的不是原来放的那把椅子，而是自己的师父。

小和尚顿时惊慌失措，张口结舌。出乎意料的是师父并没有厉声责备他，只是很关怀地说："夜深天凉，多穿件衣服，别冻着。"听了师父的话，小和尚很惭愧，他扪心自问，决心改过自新，以后再没有犯过类似的错误。小和尚没因所犯的错误受到严厉的惩罚，却被老禅师的宽容态度感动了。

一个人的胸怀能容下多少人，就能赢得多少人的尊重和喜爱。"忍人之所不能忍，方能为人所不能为"；"大肚能容，容天下难容之事；开口常笑，笑天下可笑之人"，弥勒佛之所以能日进万金，全仗他宽容功夫练到家了，用宏大的气量去感受那一笑泯恩仇的快乐。

智者总会用宽容这把智慧之剑去斩断冤冤相报这扯不完的长线。

生活中，常常会发现这样的事情：有的同学总在抱怨没有朋友，总在抱怨别人对自己的不友好。其实，你有没有想到，如果你以一颗宽容博爱的心去对待别人，是否会有意想不到的收获呢？善待别人，就是善待自己。就如一本书上说的，我们的心如同一个容器，当爱越来越多的时候，烦恼就会被挤出去。我们学会了让他人快乐就是让自己快乐，学会了善待他人就是善待自己。生活就是一幅画，当我们把思想的调色板用心的画笔勾出每一道风景时，爱是最美丽的一笔。

把自己的聪明才智，用在有价值的事情上面。集中自己的智力，去进行有益的思考；集中自己的体力，去进行有益的工作。不要总是企图论证自己的优秀，别人的拙劣；自己正确，别人错误。不要事事、时时、处处总是唯我独尊、固执己见。在非原则的问题和无关大局的事情上，善于沟通和理解，善于体谅和包涵，善于妥协和让步，既有助于保持心境的安宁与平静，也有利于人际关系的和谐和社会环境的稳定。

宽容不仅产生和谐，而且产生凝聚力。宽容的前提，是宽广的胸怀。所谓海纳百川，首先就是有了大海那样的胸怀，这才能够百川并蓄。人人需要宽容这一可贵的品格。

那些所谓的厄运，只是因为对他人一时的狭隘和刻薄，而在自己前进的路上自设的一块绊脚石罢了；而那些所谓的幸运，也是因为无意中对他人一时的恩惠和帮助，而拓宽了自己的道路。

耐心倾听比说话更重要

西方有一句名言：雄辩是银，倾听是金。所以在人际交往中，尽可能少说多听。要想营造和谐的人际关系，必须学会耐心地倾听。

一个时时带着耳朵的人，总是比一个只长着嘴巴的人讨人喜欢。与人沟通时，如果只顾自己喋喋不休，根本不管对方是否有兴趣听。这是很不礼貌的事情，也极易让人反感。

倾听有时比说话更重要。能成大事的人最重要的特质之一，就是在人际交往中善于倾听别人的谈话，他们知道，为了使自己的话语为人重视又不惹人讨厌，唯一的办法是在别人说话时少说话，安静地、耐心地倾听。

在我们身边，经常会有这样的人，他们喜欢多说话，总是喜欢显示自己怎么样，好像他博古通今似的。这样的人，以为别人会很佩服他，其实，只要有点社会阅历的人，都会不以为然。更聪明的人，或者说智慧的人，往往会根据自己的经验，知道自己要是多说，必然会说得多错得也就多，所以不到需要时，总是少说或者不说。当然，到了说比不说更有效时，我们一定要说。

倾听是一种礼貌，是一种尊敬讲话者的表现，是对讲话者的一种高度的赞美，更是对讲话者最好的恭维。倾听能使对方喜欢你，信赖你。每个人都希望获得别人的尊重，受到别人的重视。当我们专心致志地听对方讲，努力地听，甚至是全神贯注地听时，对方一定会有一种被尊重和重视的感觉，双方之间的距离必然会拉近。

倾听并不只是单纯地听，而是应该真诚地去听，并且不时地表达自己的认同或赞扬。倾听的时候，要面带微笑，最好别同时做其他的事情，应适时地以表情、手势或点头表示认可，以免给人产生敷衍的印象。

经朋友介绍，重型汽车推销员乔治去拜访一位买过他们公司汽车的商人。见面时，乔治照例先递上自己的名片："您好，我是重型汽车公司的推销员，我叫……"

才说了不到几个字，该顾客就以十分严厉的口气打断了乔治的话，并开始抱怨当初买车时的种种不快，例如服务态度不好、报价不实、内装及配备不对、交接车等待得过久，等等。

顾客在喋喋不休地数落着乔治的公司及当初提供汽车的推销员，乔治只好静静地站在一旁，认真地听着，一句话也不敢说。

终于，那位顾客把以前所有的怨气都一股脑地吐光了。当他稍微喘息了一下时，方才发现，眼前的这个推销员好像很陌生。于是，他便有点不好意思地对乔治说："小伙子，你贵姓呀，现在有没有一些好一点的车种，拿一份目录来给我看看，给我介绍介绍吧。"

当乔治离开时，已经兴奋得几乎想跳起来，因为他的手上拿着两台重型汽车的订单。

从乔治拿出产品目录到那位顾客决定购买的整个过程中，乔治说的话加起来都不超过 10 句。重型汽车交易拍板的关键，由那位顾客道出来了，他说："我是看到你非常实在、有诚意又很尊重我，所以我才向你买车的。"

因此，在适当的时候，让我们的嘴巴休息一下吧，多听听对方的话。当我们满足了对方被尊重的心理需求时，我们也会因此而获益的。在倾听对方说话的同时，我们还有几个方面需要努力避免：

1. 别提太多的问题。问题提得太多，容易致使对方思维混乱，难以集中精力。

2. 集中注意力。有的人听别人说话时，习惯想些无关的事情，对方的话其实一句也没听进去，这样做不利于沟通和交往。

3. 别匆忙下结论。不少人喜欢急于对谈话的主题做出判断和评价，往往迫使谈话者陷入防御地位，为交往制造障碍。

倾听让我们不必费心思考又能赢得人心，我们何乐而不为呢？当对方的不满需要发泄时，倾听可以缓解他人的敌对情绪。很多人气愤地诉说，并不一定需要得到什么合理的解释或补偿，而是需要把自己的不满发泄出来。这时候，倾听远比提供建议有用得多。如果真有解释的必要，也要避免正面冲突，而应在对方的怒气缓和后再进行。凡是能成就大事的人，总是能在倾听的过程中抓住对方的心。可见，用心的倾听有时比你与别人认真的交谈重要得多，也有效得多。

与邻居和睦相处

邻里关系是一种人们不可脱离的社会关系，互相尊重、体谅、关心是搞好这一关系不可缺少的要素。总之，"邻里好，赛金宝"，让我们共同创造出一个令人愉快的居住环境。

邻里关系是一种以社会道德为基础，包括文化、价值观念等的社会关系，它不同于亲缘或血缘关系。邻里关系是每一个人都会碰到的一种普遍关系，好的邻里关系等于为自己添了左膀右臂，在困难的时候可以得到邻里的帮助，日常生活中也可以使思想得到沟通。反之，邻里关系如果不融洽会招来许多麻烦。

尊重，这是处好邻里关系最起码的一条。邻居的职业有不同，年龄有长幼，地位有高低，文化有深浅，不能"看人下菜碟"，应该一律以平等的态度去对待。早晚相见，要热情打招呼；唠起家常，要推心置腹。就是对待邻家的孩子，说话也要和气，如果他们做错了什么，不能随意呵斥，否则会引起家长之间的不愉快。邻里之间的尊重要发自内心，绝不能当面一副面孔，背后另一副面孔。特别要注意的是，不能在邻居间扯"长舌"，说闲话，以免引起无原则的纠纷，影响邻里团结。

和睦相处的邻里关系，是现代社会文明的一种表现，也是每个市民的基本素质要求。俗话说："低头不见抬头见"，道出了邻里关系的密切程度。要正确处理好邻里关系必须注意以下几点：

首先，居住环境要保持宁静，在使用音响等设备时，要掌握好音量，以免影响上夜班的邻居休息。平时要教育好自己的孩子不要任意打闹。提倡互谅、互让，发扬友爱精神。

其次，居住地的公共部位要共同爱护，保持整洁，不要乱抛垃圾杂物；住在楼上的居民，不可随意向楼下倾倒污水、杂物；平时浇花、晒衣服时注意不要让水滴到楼下晒的被子上，不要随意拍打衣物，以免弄得灰尘飞扬；要固定好放在阳台上的花盆等物品，以免被大风刮落，发生意外事故。

最后，邻里间要加强团结，互相帮助，谁家有困难，应伸出援助之手。如发生矛盾，应讲清道理，以理服人，又要讲究方式方法。平时应严以律己，宽以待人。

邻里间还要做到互相体谅。人们的兴趣爱好不一样，生活习惯也就会不同。邻居中起来早的可能会惊动起来晚的，睡得晚的又可能会影响睡得早的。但是，只要能处处为别人考虑，体谅别人的困难，就会少给别人添麻烦，也不会因别人给自己带来的一点干扰而不满。尤其是公共用地，尽量要少占用、多清扫。不要人家放个罐，你就觉得吃了亏，非得放个缸不可；也不要你扫了一次，觉得不合算，要求人家也得扫一次。俗话说："人敬我一尺，我敬人一丈。"体谅所得到的回报，必然也是体谅。斤斤计较的后果，必然是让人看不起，造成邻里关系紧张。

邻居是人们生活中接触最多的人，相处时间较长，少则几年，多则十几年，甚至几十年，应该建立起深厚的友谊和感情。邻居家有了困难，应当积极地无私地予以帮助；邻居家有了病人，应当尽力地热情地给予关照。长辈要关怀爱护邻居家的孩子，孩子们更应当尊敬邻居家的长者。只有这样，邻里之情才能胜过"远亲"，甚至"亲如一家"。

以感恩之心善待每一个人

感恩，是人生的一大智慧；感恩，是人性的一大美德。常怀感恩之心，我们便能时刻感受到家庭的幸福和生活的快乐。感恩是爱和善的基础，我们虽然不可能成为完人，但常怀感恩的情怀，至少可以让自己活得更美丽、更充实。

俗话说："滴水之恩，当涌泉相报。""感恩"，是一种生活态度，是一个内心独白，是一份铭心之谢。每个人都应该学会"感恩"。

生活中，我们经常可以见到一些不停埋怨的人，"真不幸，今天的天气怎么这样不好""今天真倒霉，碰见一个乞丐""真惨啊，丢了钱包，自行车又坏了""唉，股票又被套上了"……

　　人生在世，不可能一帆风顺，种种失败、无奈都需要我们勇敢地面对、豁达地处理。这时，是一味地埋怨生活，从此变得消沉、萎靡不振？还是对生活满怀感恩，跌倒了再爬起来？感恩不纯粹是一种心理安慰，也不是对现实的逃避，更不是阿Q的精神胜利法。感恩，是一种歌唱生活的方式，它来自对生活的爱与希望。感恩是一种处世哲学，是生活中的大智慧。

　　美国的罗斯福总统常怀感恩之心。一次，他家被人偷去了很多东西。朋友闻讯后，写信安慰他，劝他不必太在意。罗斯福回信说："亲爱的朋友，谢谢你来信安慰我，我现在很平安。感谢上帝：因为第一，贼偷去的是我的东西，而没有伤害我的生命；第二，贼只偷去我部分东西，而不是全部；第三，最值得庆幸的是，做贼的是他，而不是我。"对失盗这样一件不幸的事，罗斯福却找出了感恩的三条理由，倒像是因祸得福呢。

　　生活赐予了我们灿烂的阳光，为我们过滤掉生命中的浮躁、不安、不满与不幸。只要我们像罗斯福那样，换一种角度去看待人生的失意与不幸，时时对生活怀一份感恩的心情，对生活永远充满爱与希望，我们就能保持健康的心态、完美的人格和进取的信念，快乐地生活。

　　有些人把太多事情视为理所当然，因此心中毫无感恩之念。既然是当然的，何必感恩？一切都是如此，我们应该有权利得到。其实，正是因为有这样的心态，这些人才会过得一点也不快乐。

如果你是一个苦恼的人，你应该学会感恩，因为感恩是驱除你苦恼的一剂良方妙药；如果你是一个对生活心灰意懒的人，你应该学会感恩，因为感恩的时候就是你的身心得到温暖的时候；如果你是一个郁郁不得志的人，你应该学会感恩，因为感恩会使你的心情舒畅，渐渐平和；如果你是一个被生活压得喘不过气来的人，你应该学会感恩，因为感恩会使你逐步释放重负、放松身心；如果你是一个只知道索取的人，你更应该学会感恩，因为感恩会使你变得会适当地给予；如果你是一个快乐的人，你也应该学会感恩，这样，你的快乐就会取之不尽……对别人感恩，相应会得到他人对你的感恩，所以你得到了两份好心情。

在水中放进一块小小的明矾，就能沉淀所有的渣滓；如果在我们的心中培植一种感恩的思想，则可以沉淀许多的浮躁、不安，消融许多的不满与不幸。只有心怀感恩，我们才会生活得更加美好。拥有一颗感恩的心，善于发现事物的美好，感受平凡中的美丽，那么我们就会以坦荡的心境、开阔的胸怀来应对生活中的酸甜苦辣，让原本平淡的生活焕发出迷人的光彩。

人们常常只记得感谢给予自己关心、帮助过的人，在他们需要的时候助一臂之力。但是很少有人去感激伤害、欺骗、打击过自己的人，常常对他们报以怨恨。其实，对那些伤害过我们、带给我们痛苦的人，我们也应该感谢：正是他们让我们对这个世界有了一个更深刻的认识。我们不仅要学会用一颗感恩的心去体会真情，更要学会用一颗感恩的心去驱逐伤害。

一个人如果没有一颗感恩的心，只是一味地索取着、享受着，那么，即使再多的爱也有消失殆尽的时候。以感恩的心态，观察自然，感激生活的馈赠，就会发现大自然四季轮回，周而复始，信守最单纯最简单的平衡法则，顺应自然、从容有常。学习、工作再苦再累，能干就是福；从失意处觅希望，随遇而安便是福；顺其自然，有容乃大。

因为活着，所以我们应该感恩，如果没有感恩，活着等于死去。要在感恩中活着，感恩于赋予我们生命的父母，感恩于给我们知识的老师，感恩于提供实现自我价值的企业，感恩于帮助、关心和爱护我们的那些人，感恩于我们的祖国，感恩于大自然，感谢这一切的存在让我们体验到了真实的美好。让我们以感恩的心态来面对生活中的一切幸福和苦难，享受真实的生活吧！

朋友多联系，急事有人帮

"人非草木，孰能无情"，但感情来自交流。获得感情的好方法，就在于平时要多加联系。

人的一生会有很多朋友，这些朋友有的会成为你的至交，有的会持续交往，而有的会中断。在人际交往的过程中，一个重要的原则就是：对已经建立起来的关系，千万不要失去联络。不要等到有事时才去想到别人，"关系"就像一把刀，经常磨才不会生锈。若是半年以上不联系，你就有可能已经失去这位朋友了。

东汉末年的刘备有这样一个小故事。那时刘备还在读私塾，由于刘备讲义气、聪明，因此成了同学中的"首领"，在这几年中，他经常帮助其他同学，与他们的关系相处得非常好。后来长大了，大家都有自己的路要走，刘备与这些要好的同学也就各奔东西了。

虽然大家分开了，刘备却很注重经常与同学保持联系。其中有一位名叫石全的人，是刘备读书时最要好的朋友，他不读书后，仍回家继续侍奉自己的老母亲，以尽孝道，靠打柴卖字画为生。刘备不嫌其家贫，经常邀请石全到他家做客，并适当给以周济，这样的聚会每次都很成功，刘备与石全的关系也不断在加强，情若手足。

后来，刘备为了实现自己心中宏伟的目标，就带起了一支队伍参加了东汉末年的大混战。初时，刘备军事势力很小，不得不依附他人，在一次交战中，刘备所带的军队被全部歼灭，只他一人逃脱，被石全给隐藏了起来，逃过一劫。

由此可见，朋友有时在危急关头能帮上大忙，起到排忧解难的作用。但是，一定要记住的一点是，这中间的好处是来自自己的努力，如果你在与朋友分开之后并没有经常联系，关系之好从何谈起，从中受益则更是一纸空文了。所以，只要你有这份心、这份情，真诚地维持分开之后的朋友关系，你的人际面会更加广泛，路子也会比别人多出几条。

"常来常往是朋友"，人与人之间的关系会随着见面次数的增加而加深感情，而久不见面的朋友时间长了自然会日渐疏远。实际上，只要有时间到朋友家里走一走，也许只是随意寒暄几句，也许进行一次长谈。总之，让他们认为我们越来越熟悉，这样深入下去，人与人之间的关系就会越来越融洽。我们不要一味地去追求个性，而忽视团体，要让自己融入生活中去，多与人接触就是避免这种"独行"的好办法之一。

人们为了生活而四处奔波，都在忙自己的事，没有过多的时间在一起聊天、谈心，但是，要想拥有良好的人际关系，就必须多与身边的人联系、接触。冷若冰霜、"老死不相往来"的人是不可能拥有属于自己的一个朋友圈的。只有朋友之间不断地往来，才能促进彼此之间信息的传递，感情的交流，彼此更深入地了解。

美国前任总统克林顿回答记者如何保持其政治关系网时说："每天晚上睡觉之前，我会在一张卡片上列出我当天所联系的每一个人，并注明重要细节、时间、会晤地点以及与此相关的一些信息，然后输入秘书为我建立的关系网数据库中。这些年来，朋友们帮了我不少的忙。"

友情是需要维护的。在朋友遇到困难时，助一臂之力无疑是至关重要的。但是，给朋友打生日电话等表面看起来不足挂齿的小事，却是保持友谊必不可少的行为。

有人用笔记本，有人用名片，有人则用电脑建立了朋友档案，这些方法各有益处，而不管用什么方法，只要你记住了朋友的联系方式，并坚信他们对你有用，每个都不放弃，并保持一定的联系，那么你在找人办事情的时候，就不会有"人到用时方恨少"的感觉了。

生活因付出而快乐

即使你拥有金钱、爱情、荣誉、成功和刺激，你可能还是不会觉得快乐。快乐是人生的至高追求，只有给予和付出，才能实现这一追求。

付出本身就是快乐，付出的人也是最幸福的人。成人之美，善待别人，你才会觉得自己原来也很伟大。学会付出是光辉灿烂人性的体现，也是一种处世智慧和快乐之道。

有一个生性吝啬的富翁，衣食富足，还有一大群人供他使唤，但他总觉得生活缺少了点什么，一点也快乐不起来。他每天醒来总是心情低落，不知道该跟谁诉说自己的心事。

于是有一天，他专程去庙里请教禅师说："我有这么多钱，要什么有什么，每个人都对我低声下气的，为什么还是觉得不快乐呢？"禅师请他站在窗子前面，问他看到了什么？富翁回答说："我看到了路上匆忙来往的人群。"禅师又请他站在镜子前面，再问他看到了什么？富翁不解地回答说："看到我自己。"禅师说："窗子是玻璃做的，镜子也是玻璃做的。透过窗子可以看到他人，而镜子因为涂抹了一层水银，所以只能看见自己。当你慢慢擦拭掉属于你身上的那层水银，可以看到别人时，你就会拥有快乐了。"

快乐和幸福不能靠外来的物质和虚荣，而是要靠自己内心的高贵与善良，善良是生命中稀有的珍珠，善良的人才能真正伟大。从一个表情、一句问候、一个眼神、一件小事开始，学会付出，善意地看待这个世界，一句善言，万两黄金难求。心存善念，学会给予和付出，快乐、幸福和丰收就会时时与我们相伴。

忙碌的我们，似乎是越来越不快乐了，忧郁紧张充斥在我们身边，让我们几乎难以透气。为什么会忧郁？为什么会绷紧神经？因为，追求功名利禄，已经将我们有限的小小的心占满了，腾不出一方小角落来容纳他人，容纳清风明月进驻心中。只要我们愿意停下脚步，仔细看看身边的人和事，静下心倾听身旁的声音，关注他人的存在，进而乐于付出善意，我们就可以轻易找回遗失的快乐。

如果你慷慨大方，你所收获的总会比付出的多。当别人遇到困难时，你付出一点点力所能及的力量，便能获得助人的快乐。受帮助的人快乐，自己也快乐，何乐而不为呢？

付出比得到更快乐，相信懂得付出的人会有同感。因为，快乐是有传染性的，你只有使别人快乐，才能使自己快乐。相反，你如果只活在自己的世界里，那你只会抱怨这个世界没有使你开心。

人生永远都是有失才有得的，没有付出的人将一无所得，只要有所付出，哪怕只是微不足道的，得到的也会是付出的好几倍。希望快乐的人，千万不要吝啬自己小小的一点付出，而让快乐离你而去，因为付出是快乐的前提。

美国作家欧·亨利的著名短篇小说《麦琪的礼物》中的那对年轻夫妇，一个剪掉了头发，换来了一个表链；一个卖掉了金表，买了一套发卡。他们互赠的礼物都变成了最无用的东西，但他们得到了世界上最珍贵的爱，这就足够了。因为付出，他们快乐着。

付出是一生的基石，学着去付出吧。

学会用幽默化解尴尬

幽默是一种理解和默契，是人与人友好相处的桥梁和纽带，会让我们的事业走向辉煌。幽默是美丽的、欢乐的，是智慧树上最耀眼的一抹绿色。

在人际交往中，难免会遇上尴尬，如果能运用幽默，即使是绝境也会获得新生，既给自己一个台阶，也给对方一份安慰的赠礼。

处在物欲横流的滚滚红尘之中的人不能没有幽默，没有幽默就会让我们本来丰富多彩的生活变得枯燥无味。生活中人们离不开幽默，以幽默诙谐的姿态面对生活和人生对于现今的人们来说，是极为重要的，更是不可或缺的。

学会幽默，善于幽默，才能拥有豁达的人生。欣赏幽默是人生的一种享受，欣赏卓别林的幽默表演，会让人笑得前仰后合，忘记一切烦恼。

在一辆人员拥挤的公交车上，有人说"挤什么？着什么急？想奔丧去啊！"这话让全车人心里都很反感，还照样的拥挤不堪；又有个人说了："别挤了，我都成了相片了。"大家一笑，马上不再挤了；这时司机的紧急刹车让一个小伙子的身躯猛地撞到一个姑娘身上，姑娘误会了，以为是小伙子故意使坏，骂了句："瞧你那点德行！"在当时那种场合，小伙子是无论如何也解释不清的，但聪明的小伙子大声说："姑娘，您错了，这不是我的德行，是车的惯性。"全车的大笑缓解了紧张的空气，聪明的小伙子用幽默的语言说明了眼前发生的事情，既让自己摆脱了窘态，也让别人明白了真相，避免了一场意外的误会，还成全了姑娘的面子。

生活中有很多幽默的事情，它能让人走出无奈的窘境，摆脱因意外给自己造成的失态，让人们的生活充满了欢乐与和谐。幽默是一个人能在生活中发现快乐的特殊的品质。具有幽默感的人可以从容应付许多令人不快、烦恼，甚至痛苦悲哀的事情。

生活中出现了冲突与困境时，除了合理使用幽默，几乎再也找不到更合适的方法解决了。那么，我们怎样才能学会幽默呢？

第一，要具有语言艺术和表达能力。可以多浏览一些有关语言艺术方面的书籍，并在实际中加以揣摩，只要坚持，就能收到成效。

第二，要有宽广的胸怀和乐观的情趣。不能气量狭小，报复心强，一旦出了丑便恼羞成怒。宽广的胸怀，可以使对方如释重负，紧张的气氛顿时消失了。

第三，要有良好的文化素养和丰富的联想力。一个人如果文化素养高，阅历丰富，自然就会有较强的联想力，从而说起话来就会妙趣横生。

学会幽默吧，你的生活将会充满阳光！

赞美是最好的通行证

赞美是拂面的春风，是需要精心呵护的鲜花，是心灵的交流和碰撞，运用好赞美能改变你的一生。

大音乐家勃拉姆斯出生于汉堡。他家境贫寒，少年时便为生活所迫混迹于酒吧。他酷爱音乐，却由于出身农家，无法得到教育的机会，所以，他对自己的未来毫无信心。然而，在他第一次敲开舒曼家大门的时候，根本没有想到，他一生的命运就在这一刻决定了。

当勃拉姆斯取出他最早创作的一首C大调钢琴奏鸣曲草稿，弹完后站起来时，舒曼热情地张开双臂抱住了他，兴奋地喊道："天才啊！年轻人，天才……"这出自内心的由衷赞美，使勃拉姆斯的自卑消失得无影无踪。从此，他便如同换了一个人，不断地把他的才智和心底的激情宣泄到五线谱上。终于，他成为音乐史上一位卓越的艺术家。

美国总统罗斯福有一种本领，对任何人都能给予恰当的赞誉。

林肯也是一个善于使用赞誉的高手。韦伯这样评价林肯："拣出一件使人足以自矜并引起兴趣的事情，再说一些真诚又能满足他自矜和兴趣的话，这是林肯日常必有的作为。"

林肯曾说："一滴蜜比一加仑胆汁能吸引到更多的苍蝇。"

真诚地赞美别人，是洛克菲勒获得成功的秘诀之一。曾经，他的一个合作伙伴在一宗大生意中，使公司蒙受了几百万元的损失。洛克菲勒并未责备他，反而称赞说，你能保住投资的60%已很不容易了。合作伙伴大为感动，在下一次合作中，他获得了极大的利润，并挽回了上次的损失。

人类最渴望的就是精神上的满足——被了解、被肯定和赏识。对我们来说，赞美就如同温暖的阳光，缺少阳光，花朵就无法开放。

赞扬别人是一种给予。许多人总是记得，在沮丧、绝望、萎靡不振时，别人的赞赏曾经给予他们多么大的快乐，多么大的帮助；

赞扬,曾经多么神奇地帮助自己克服了自卑情结。他们认识到,周围的人,谁都渴望别人的欣赏和赞扬。所以,聪明的人从不吝惜自己对别人真诚的赞美。

人们对于赞扬和认可总是不设防的,往往一句简单又看似无心的赞扬,或一个认可的表情就是良好关系的开端,人与人的距离由此拉近。

某公司的一位清洁工,本来是一个最被人忽略的角色,但他在一天晚上,与偷窃公司钱财的窃贼进行了殊死搏斗。在颁奖大会上,主持人问他的动机是什么时,他的回答让人们大吃一惊。他说:"公司总经理经过我身边时,总会赞美一句'你打扫得真干净'。"

学会真诚地赞美符合时代的要求,同时它是衡量现代人素质和交际水平的一个标准。学会真诚地赞美是性情修养的需要,有助于使自己达到更高的人生境界。同时,你赞美别人就意味着你肯定了他人的优点与成绩,相对应的是,你也能逐渐意识到自己的缺点与不足。人只有不断地发现自己的缺点与不足,才能更好地完善自己,取得更大的进步。

有一位成功学大师根据他多年的社交经验总结了以下几点赞美技巧:

1. 借别人之口转达赞美。

2. 赞美要真诚、公正。

3. 赞美要得体。

4. 赞美要及时而不失时机。

5. 寻找对方最希望被赞美的地方。

6. 赞美忌俗套、空洞。

朋友，学会真诚地赞美，在何时何地你都将畅通无阻，如鱼得水。它不是虚假地溜须拍马、奉承恭维，它是浇在玫瑰上的水，是博取好感、维系感情最有效的法宝，是促使人努力奋进的最神奇的兴奋剂。假如每个人都吐露内心深处的愿望，那肯定是：受到别人的赞美。

对批评鞠个躬

我们进寺庙中，会发现佛像的耳朵通常都很大。人们常讲："耳大有福。"耳大之所以有福分，是因为这样的人善于听取别人的批评、意见。请牢记：良药苦口利于病，忠言逆耳利于行。

唐朝的魏徵，在短短的十几年里，曾给唐太宗提出批评、建议二百多次，而唐太宗大多虚心接纳。在唐太宗执政的年代，出现了历史上有名的"贞观之治"。魏徵去世后，唐太宗对百官慨叹道："以铜为镜，可以照见衣帽是否端正；以历史为镜，可以看到国家兴亡的原因；以人为镜，可以发现自己的得失。如今魏徵去世，我就少了一面明察得失的镜子。"李世民对于批评的态度令后人称道。

历史上成大业的人物常虚怀若谷，善于听取他人的批评、意见，以弥补自身的不足。

一位政治家在演讲时，当地某个妇女组织代表站起来指责他说："你作为一个政治家，应该考虑到国家的形象，可是听说你竟和两个女人发生了关系，这到底是怎么回事呢？"

顿时，所有在场的人都一齐盯着政治家，等着听他如何解释这一起桃色新闻。

政治家并没有感到窘迫，反而十分轻松地说道：

"还不止两个女人，现在我还和5个女人发生关系。"

这句话，使代表和群众如堕五里雾中，迷惑不解。

政治家继续说：

"这5位女士，在年轻时曾照顾我，现在她们都已老态龙钟，我当然要在经济上照顾她们，精神上安慰她们。"

台下顿时掌声如雷。

金无足赤，人无完人。当别人批评你时，你应该感谢他，有则改之，无则加勉，你将不断获得成功。古人云："闻过则喜。"人因为不完美而需要批评，这正是批评的价值所在。

历史上许多著名人物都被人骂过。法国思想家卢梭被人讽刺为："他有一点像哲学家，正如猴子有一点像人类。"英国作家王尔德曾批评萧伯纳："他没有敌人，但他的朋友都深深地恨他。"美国的国父乔治·华盛顿曾经被人骂作"伪君子""大骗子"和"只比谋杀犯好一点"。

《独立宣言》的撰写人、美国第三任总统托马斯·杰斐逊曾被人骂道："如果他成为总统，那么我们就会看见我们的妻女，成为合法卖淫的牺牲者；我们会大受羞辱，受到严重的损害；我们的自尊和德行都会消失殆尽，使人神共愤。"威廉·布慈将军被人诬告侵占了某个女人募捐而来救济穷人的800万元捐款。他们不但没有被批评、辱骂吓倒，反而更加乐观和自信，做出了影响深远的成就。

林肯也曾多次被责难、批评，但他坦坦荡荡，从来不以他的好恶来批判别人。在他所任命的高职位的人物中，就有不少是批评过他的人。

生活中，狗看见你怕它，便愈加追赶你，恐吓你。批评如狗，如果某种批评把你吓住了，你便日夜都痛苦不安。但是如果你回转头来对着狗，狗便不再吠叫了，反而摇着尾巴，让你来抚摸。只要你正面迎击对你的批评，到头来，它反而会为你所融化、克服。

我们怕批评，是因为批评中会有真的事实，愈真实我们就愈害怕而去逃避。然而批评之所以可贵，就是因为里面包含着真实的缘故。回避批评实际上是回避自身成长中潜藏的矛盾，对我们修养的提高、品格的历练、人身的完善毫无益处。

如果我们时时努力改进缺点，便没有空闲时间对那些细枝末节过于斤斤计较了。

善意的批评是朋友，而对于那些恶意的责难，我们可以置之不理，也可针锋相对，巧妙化解。

爱他人，就是爱自己

爱人者，人必从而爱之；利人者，人必从而利之。

有一对夫妇开了一家小饭店。

刚开张时，生意冷清，全靠朋友和街坊照顾，但两个月后，夫妇俩便以待人热忱、收费公道而赢得了大批的"回头客"。小饭店的生意也一天一天地好起来。

　　几乎每到吃饭时间，这座小城里的大小乞丐，都会成群结队地到处行乞。他们去的最多的地方是各家饭店。人们从未见过小城里其他店主，能够像这夫妇俩一样宽容平和地对待这些乞丐。其他店主，一见到乞丐上门，就会拉下脸来严厉地呵斥辱骂，而这夫妇俩则每次都会笑呵呵地给这些肮脏邋遢的乞丐高举到面前来的那些锅碗瓢盆里，盛满热饭热菜。而且这些饭菜，都是从厨房里盛来的新鲜饭菜，并不是顾客用过的残汤剩饭。在施舍乞丐的时候，他们没有丝毫的做作之态，表情和神态十分自然，就像他们所做的这一切原本就是分内的事情。

　　一天深夜，街上一家经营丝绸的店铺，由于老板过分沉迷麻将而忘了将烧水的煤炉熄灭，引发了一场大火，殃及了该饭店。

　　这一天，恰巧丈夫去外地进货，一无力气二无帮手的女店主，眼看辛苦张罗起来的饭店就要被熊熊大火吞没。情急万分之时，只见那班平常天天上门乞讨的乞丐，不知从哪里钻了出来，在老乞丐的率领下，冒着生命危险将一个个笨重的液化气罐及时搬运到了安全地段。紧接着，他们又冲进店内，将那些易燃物品也全都搬了出来。消防车很快来到，饭店由于抢救及时，虽然也遭受了一点损失，但大部分都给保住了。而周围的那些店铺，却因为得不到及时的救助，货物早已烧得精光。

　　火灾过后，人们都感叹说是夫妇俩平时的善行得到了回报。

　　正所谓：爱人者，人恒爱之。

春秋时，晋公子重耳在外逃亡，所经之处，有些国君看不起这个落难公子，待他很不礼貌。在曹国时，曹共公听人说重耳生有重叠的两排肋骨，顿生好奇，本不想接待重耳，却让他留下，趁他沐浴时，与夫人偷窥他，把重耳当作奇物观玩。

重耳知道了怀恨在心。曹大夫僖负羁对共公说："晋公子贤，又同姓，穷来过我，奈何不礼！"共公不听，也不招待饮食。负羁便派人送给重耳及其随从饭肴，放玉璧于其中。重耳受其饭肴，送还玉璧。后来重耳回国即位，是为晋文公。他改革内政，整顿军旅，国力大盛。后来，他跟楚国争霸时，起兵先攻楚国的盟国曹国，俘虏曹共公，责骂其非礼之行，并下令三军不要进入僖负羁家，以报其德，因此负羁一族得保平安。

这真是辱人者害己，爱人者利己。

印度谚语说："帮助你的兄弟划船过河吧！瞧！你自己不也过河了？"人与人之间的互相关怀是可以互利互惠的。

有一位盲人，走夜路时经常打着灯笼。

人们十分奇怪地问："你本人双目失明，灯笼对你一点用处也没有，你为什么要打灯笼呢？不怕浪费灯油吗？"

盲人慢条斯理地回答道："我打灯笼并不是为给自己照路，而是因为在黑暗中行走，别人往往看不见我，我便很容易被撞倒。我提着灯笼走路，灯光虽不能帮我看清前面的路，却能让别人看见我。这样，我就不会被别人撞倒了。"

这位盲人用灯火为他人照亮了本是漆黑的路，为他人带来了方便，同时因此保护了自己。

　　任何一种真诚的爱都会在现实中得到应有的回报。学会敞开心扉去爱他人，别人也会喜欢你。付出一点点，你将收获更大的快乐和满足。

　　爱自己，也爱别人，才能活出生命的最大价值。

第七章

"气压"高时，打开"气芯"减减压

善待自己，给压力一个出口

人生苦短，不要被各种烦琐的事物劳累，要把身边的俗事抛开，把眼前的角逐看淡点。身体是自己的，心情更是自己的，不要让自己的心理背上沉重的负担。善待自己，给压力一个出口。

人就这么短短的一辈子，干干净净地来，干干净净地走。来时与世无挂，走时却牵肠挂肚，甚至死不瞑目，是因为活得太累了。

紧张的工作、生活、学习和人际交往等形成的各种压力，也许会让你防不胜防。人们正遭受着前所未有的来自各方面的压力的摧残，常常听见身旁的人们在喊累。人确实活得累，为父母累，为子女累，为朋友累……这种心理上的累，比身体上的累更让人难以承受，也很难得到彻底的解脱。

为什么要这样折磨自己？希望别人都认为你很能干？希望自己变成工作狂？还是希望赚更多的钱改善生活……事实上，正是因为这些希望已使你变得更加疲惫不堪。那么，不妨反思一下你的希望。

希望别人都认为你很能干？这种希望只是为了面子好看、心里舒服罢了。要知道工作的目的应是为社会做贡献，而不是为了表现自己。

希望自己变成工作狂？对工作以外的人和事你全没兴趣吗？要知道工作只是生活的一部分，不应是你全部的人生。只知道拼命工作，身体垮了，怎能去奢谈工作和人生。

希望赚更多的钱改善生活？谁不希望有钱？但是赚钱是为了改善生活，拼命地工作使身体垮了，还有赚钱的资本吗？幸福的生活并非只靠钱财来营造。

凡是憧憬美好生活的人，都应学会善待自己。只有善待自己，才会有健康的身体，有工作的保证，有幸福美好的生活。可见，善待自己不容忽视。

学会善待自己，就要自己给自己营造快乐。不怕小人的飞短流长，不怕"常戚戚"者的明枪暗箭，"走自己的路，让别人去说吧"，我还是我——清晨踱步户外，望一轮朝日冉冉东升；傍晚踏碎浓浓夜色，任清风从颜面拂过。爽悦的一定是心情，收获的一定是快乐。

学会善待自己，就要把功名利禄看作身外之物，心胸要宽广。要始终相信是自己的别人拿不走，不是自己的拿到手也是一只"烫手的山芋"。

学会善待自己，就是我们一直都在生活着，不是觉得有能力过好日子的时候，生活才开始。你必须马上改变过去一成不变的生活模式，从休闲中调整自己，陶冶自己，感受生活的幸福。想学绘画吗？赶紧拿起画笔；想学舞蹈吗？赶紧换上舞鞋；想去旅游吗？那就赶紧背起背包吧！不要压抑太多喜好，也不要收藏太多期盼，最终使自己临终时徒增遗憾。自己和自己过不去。"人生苦短，来日无多"——活着不该扭扭捏捏，活着就该扬眉吐气，洒洒脱脱，不必因为鸡毛蒜皮的琐事愁眉紧锁；也不必因为只言片语的不和谐而耿耿于怀。

学会善待自己，就不要让自己活得太假太累太辛苦。少一点做作，多一点真诚；少一点包装，多一点真实。只有真实了，才没有心累的感慨，才会活得轻松愉快。自己欣赏自己，生活才自信、才充满盎然生机。

学会善待自己，就要学会在各种压力面前为自己减压，卸去那些无形的枷锁。在工作、学习和生活中，要善于把压力变成动力，要为自己创造一个良好的心理环境，不要把压力变为自己的心理负担。为自己减压，要把工作看成一件乐事，把学习当作一件有趣的事情，把生活看作一件很平常的事。心情烦恼之时停下来歇一歇，心情快乐之时，各方面都加把劲。人活着就这么一辈子，苦也是过，乐也是过，劳累也过，轻松也过，不要为自己增压，要给压力一个出口。

放下，更轻松

放下自己多余的担心，放下自己过多的忧虑，放下自己的不良情绪，以一种轻松的心态、愉快的心境来面对工作，对待爱情，追求未来。放下，更轻松。从现在做起，对自己说：Take it easy！

生活中，时时刻刻在取与舍中选择，我们又总是渴望着取，渴望着占有，常常忽略了舍，忽略了占有的反面：放弃。懂得了放弃的真意也就理解了"失之东隅，收之桑榆"的妙谛。

有的时候，你明明知道有些东西不属于你，可你偏要强求。或许可能出于对自己盲目的自信，或是过于相信所谓的"精诚所至，金石为开"，结果不断的努力，换来的却是不断的挫折，到头来弄得自己苦不堪言。

在变化快速的环境里，问题不断地接踵而来，许多问题往往超出我们过去的处理经验。这些新的问题，容易让我们陷入泥沼之中。此时，不妨让自己先脱离当时问题的环境，隔一段时间再处理，这样会让我们有更多新的思考角度。

世界上有很多事不是我们努力就能够实现的，有的靠缘分，有的靠机遇，有的我们只能以看山看水的心情来欣赏，不是自己的不强求，无法得到的就需要我们放弃。懂得放弃，才会有快乐，背着包袱走路总是会很辛苦的。

放弃，对每一个人来说，都有一个痛苦的过程，因为放弃意味着永远不再拥有，但是，不会放弃，想拥有一切，最终你将一无所有，这是生命的无奈之处。如果你不放弃眼前的利益，就无法享受到花前月下的温馨。生活给予我们每个人的都是一座丰富的宝库，但你必须学会放弃，选择适合你自己应该拥有的，否则，生命将难以承受！

仔细想想在生活或者是工作上，会不会有这种情形：萦绕已久的问题，百思不得其解，却往往在身心放松的时刻，灵光不断地涌现。因此，当遇到难题时，不妨先暂时把问题抛开，放松一下，喝杯咖啡或者去散散步，反而能找到更好的灵感或看法。

有位教授向他的听众讲述如何正确对待压力。他举起一杯水，问道："这杯水有多重？"从20克到500克，回答各异。"其实具体多重并非关键，关键在于你举杯的时间。如果你举了一分钟，即便杯子重500克也不是问题，如果你举杯一个小时，20克的杯子也会让你手臂酸痛；如果举杯一天，恐怕就需要叫救护车了。同一个杯子，举的时间越长，它会变得越重。倘若我们总是将压力扛在肩上，压力就像水杯一样，会变得越来越重。早晚有一天，我们将不堪其重。正确的做法是，放下水杯，休息一下，以便再次举起它。"

为了明天，时时刻刻背负着所面临的压力，一个人就会垮掉，如果适时地善待一下自己，把所面临的压力放下来，让自己轻松一下，然后再背负起压力去奋斗，相信你的精力会更充沛。

不要让自己的思想负担过重，没必要把没用的东西存在脑海。不断给自己的灵魂加以清理扫除，学习寻找适于自我生存的一切资源；利用把握适合体现自我价值的一切生存方式，把握今天，展望明天，过好每一天，放下便是轻松。

在通常情况下，"放得下"主要体现于以下几个方面：

1. 放得下名。据专家分析，高智商、思维型的人，患心理障碍的比率相对较高。其主要原因在于他们一般都喜欢争强好胜，对名看得较重，有的甚至爱"名"如命，累得死去活来。倘若能对"名"放得下，就称得上是超脱的"放"。

2. 放得下情。人世间最说不清道不明的就是一个情字。凡是陷入感情纠葛的人，往往会理智失控，剪不断，理还乱。若能在情方面放得下，可称是理智的"放"。

3. 放得下财。李白在《将进酒》诗中写道："天生我材必有用，千金散尽还复来。"如能在这方面放得下，可称是非常潇洒的"放"。

4.放得下忧愁。现实生活中令人忧愁的事实在太多了，就像宋朝女词人李清照所说的："才下眉头，却上心头。"狄更斯也说过："苦苦地去做根本就办不到的事情，会带来混乱和苦恼。"如果能对忧愁放得下，那就可以称为是幸福的"放"，因为没有忧愁的确是一种幸福。

人的欲望是最难满足的，所以常常这山望见那山高。要想活得轻松自在，就必须不停地去奋斗和追求，来实现人生价值。因为我们所追求的往往是把握不住的东西，得到了很快就会失去，所以永远处在一种希望和失望的交替矛盾当中，谁也不会满足。所谓的满足，其实只是暂时的。

能够及早放下，就能及早得到心灵上的满足和精神上的享受，也就不会为物欲所驱使，过着表面上愉快而内心紧张的生活。心里得到了满足，人自然也就清闲自在了。与其在衰老时悲哀地死亡，还不如在未老时就明了这一点，顺着生活的自然，及时放下心里的一切重负，这样就必定能够品尝到真正快乐的滋味。

生活中，当你遇到复杂而且具有挑战性的问题时，一时难以找到解决的方法，不要恐惧，也不要沮丧，因为最好的策略往往需要时间去孕育。一味仓促地做出决定，往往得不偿失，暂时把问题放下来，把压力降低，可以让我们许多平常没有想到的想法与做法浮现出来，不仅让思考更清楚、更周密，也更具有创造力。心灵需要偶尔的掏空，身体也需要常常把重担放下。当你学会放下，再放下，生命会更轻松，身体也才会更放松。

旅游，让你的心快乐飞翔

旅行最大的快乐在于"逃"。逃离压力沉重的工作环境，逃开围绕身旁不断催促你结婚的家人长辈，成为一个无拘无束、自由自在、游山玩水的闲云野鹤。旅行的个中滋味，要亲自试过才能体味。

生活太疲惫了，很多问题纠缠在一起，理不清头绪。你必须走开，旅行，就成为一个很好脱逃的借口。从沉重的工作、复杂的人际关系，甚至最亲密的家人朋友当中，解脱出来，给自己一个喘口气的机会。出去走一趟，至少可以把这些人和事都抛在脑后，回来再做一个新人。

明代有个浪漫的旅行家叫徐霞客，他用自己的双脚丈量着青山绿水，将毕生的心血用于旅行和探险，写下了一本奇书——《徐霞客游记》，让后人艳羡不已。古人旅游，是很让人遐想的。富人揽马，贫者骑驴，或携一壶酒，或捧一卷诗，走走停停，随处行吟赋歌，且歌且乐走天涯。登山远望则直抒胸臆，临水遐思则缱绻徘徊，爱花爱草，羡鸥羡鸬，中秋月下伤远游，山中鹧鸪感离家。途中遇友，四海皆兄弟，把酒言欢，不亦乐乎！

我们现代人旅游也要有古人的情怀，学学人家的情致，仿仿人家的潇洒，力求一个"风雅高格调"——不是让你出格，而是让你追求独特的品味。

当你的生活始终在一成不变的状况下，不如暂时脱离现有的困境出去走走。有时，并不是非得出国不可，到户外去走走，或者是到度假中心去度个假，也是不错的选择。你会感悟到旅行的确是一剂消烦解忧的良方。

也许你只想借着一趟旅行的冒险，来制造一点点生活的刺激与浪漫，不论是哪一种情况，每一个想要旅行的人，出门前的动机是不会相同的，即使坐在同一架飞机里，飞往同一地点的人，他们的旅行目的也决不会相同。所以，每一个人的内心里都潜藏着一份对生活、生命的渴求，是在现实生活中往往无法获得的心灵企盼，却希望在一段又一段的旅行过程中，获得暂时的舒解和治疗。旅行是记忆的收藏，也是美的收藏。

5 年前，李立去欧洲旅行。

她说在离开香港之前，身兼两份工作，回家还要翻译和写企划方案，每天工作 16 小时是正常的。

一方面不堪忍受超时的工作压力，另一方面也为了实现年少时环游世界的梦想，她向老板请了两个月的假，便踏出她世界之旅的一小步。

当时她是抱着不惜辞职的心情，准备去探索世界奥秘的。

她说，在香港的生活太紧张，发现欧洲的闲散，一时让人难以适应。

欧洲人的步调适中，总透露着一份富裕之后的从容，在负荷一天 16 小时的工作之后，她从身边缓步而过的欧洲人身上，看到自己紧绷的神经。

走过街边的咖啡座，下午的太阳暖烘烘的，伸长了腿，细细打量着来往的行人，一坐几个钟头，动也不动，就这样悠闲地等着日影西斜。

入夜，巴黎的香榭大道上，灯火辉煌，人群摩肩接踵，喝一杯鸡尾酒，吃一个冰激凌，聆听一首小曲，全然无视于夜色转墨。

旅行的一个月，李立开始体会到欧洲人舒缓的生活情调，把懒散的心留在欧洲。

踏足的地方多了，漂泊的经验丰富了，那些个别国家与民族的色彩，却反而淡淡散去。最后，留下的是一个性格活泼、思想开阔、胸怀世界的成熟面貌。每一次旅行回来，都感觉自己的心灵被洗涤得清清爽爽。

即使有天大的事情，也要等回来以后再说，旅行，是一个喘息的空间。出去走走固然是一种心灵的出走，但也不是逃避，唯有了解自己的目的，才不会有过度的期待和想象。

在旅途中挥洒情意，感悟人生。从旅途中汲取快乐，才是真正的旅游。这种快乐，不是肤浅的感官之乐，而是打动心灵，从心灵深处荡漾开来的真乐。有谁不渴望真乐，有谁不渴望真正的心灵熨帖？让我们开始吧！旅游是快乐的飞翔！

常给心灵做按摩

现实生活中，人们常常会被一些不愉快的事情困扰，面临物质、精神上的各种压力。适时地让身体放松、为心灵按摩不失为一种有效的手段。

如今，人们讲究生活质量和生活品位，注重外部形体和容颜，而当心理疲惫时，你是否对它进行了必要的呵护呢？请不要忽视这种问题，这种呵护是对心理的支撑、养护和保健。经常进行心理

"按摩"，是驱走不快、解决困扰的良好方法，这会使你容光焕发，青春常驻。

幽默能驱走烦恼，幽默可以让烦恼变成欢畅，让痛苦变成欢乐，将尴尬变成融洽。家庭中有了幽默，便有了欢乐和幸福；夫妻间有了幽默，便能相知相契。幽默是生活的调味品，心理健康绝不可缺少幽默。

笑是心理健康的润滑剂，是生活的一种艺术，它不仅有利于消除心理疲劳，而且可以活跃生活气氛。生活中有了笑声，就有了美的呼吸。在亲友们心情不快时，你不妨逗他一笑；自身产生苦恼，你不妨想件亲历的趣事引发一笑。

音乐可以陶冶情操，人可以从音乐中获得力量。听歌不仅是一种美的享受，它还能调节人的情绪。当心情沮丧时，不妨听一曲你所喜爱的歌，它会把你带入另一片天地。

置身花木之中，以花为伴，与花交友，可以使人心舒气爽，忘却心中不快，心中仿佛也会开出五彩鲜花来。为了赏花之便，不妨在阳台或室内育几株花，视它们为伙伴。

运动的好处不言而喻。喜动者可跑步、爬山、打拳、练剑等，喜静者可饱览群书、习字绘画、养花钓鱼、下棋打牌。凭你的兴趣，找一种适合自己的活动方式，学会休闲，适度放松，才能拥有健康的身心。

你会发现另一方洞天，就是阅读。古书典籍、力作精品，都是古今中外名人、伟人和涵养高深之人的智慧积淀与结晶。与书为伍，同这些人交友谈心，可使你变得更加睿智、大度和富有才情，还会使你热爱生活，更加珍惜现在拥有的一切。

写作是一种提神益脑的健康生活方式。当你感到有话说而无听众时，当你感到心理压力大又不愿向他人诉说时，不妨就说给自己"听"。把你的痛苦、不满、感慨和心声，诉诸笔头，记录成文。这样可以缓解心理压力，调节心理情绪。

　　倾诉是一种自我心理调节术。生活不会一帆风顺，向亲朋好友吐露郁积在心头的苦闷，是排解不良情绪的好办法。在"心理梗塞"时，若能及时向值得信任的亲朋好友倾诉，可以在别人的理解中，使自己受挫的心灵得到安抚与慰藉。

　　在游戏中放松自己。游戏不只属于孩童，它应该陪伴我们走过整个人生。哪里有开心的游戏，哪里就一定充满笑声，少有忧愁。能游戏者，肯定是一个内心有着愉快感的人。游戏还可以丰富家庭生活，密切家庭成员之间的关系。

　　对痛苦的遗忘是必要的，沉湎于旧日的失意是脆弱的，迷失在痛苦的记忆里是可悲的。遗忘不是简单地抹去记忆，而是一种振作，一种成熟和超脱。忘记生活曾经给自己造成的种种不幸和苦痛，充分享受生活的各种乐趣，让心灵沉浸在现实的快乐之中。

　　每天抽二三十分钟或更长的时间，盘腿而坐，双目、双唇自然闭合，全身肌肉放松，呼吸均匀，逐渐入静，使纷乱活跃的思维转为平静，并逐步进入若有若无的超觉形态。由于入静后人的脑电图清晰有序，大脑皮层处于保护性抑制状态，同时，皮层与皮层下神经的功能协调统一，使整个机体的指挥系统——大脑的活动显得稳定而有节律，因此你会感到身体与内在精神的空前和谐，并油然而生一种难以言传的愉悦。一旦睁眼重返日常状态，顿觉头脑清醒、精力充沛。

为自己减刑

舒一舒眉，为自己减刑吧。除了自己，没有人能让你恢复自由。上帝是精明的，他在每个人的人生道路上都设满深浅不一的坎坷，并且还故意让某些人遇见极深的坎坷，以此来判别人类的坚强与怯懦，明智与愚蠢。

很久以前，印度农村抓窃贼时方法十分简单，抓到一个窃贼便在地上画一个圈让他呆在里边，抓够了数字便把他们一个个从圆圈里拉出来排队押走。这真对得上"画地为牢"这个中国成语了，因此说，世界上最恐怖的监狱并没有铁窗和围墙。

对有的人来说，一个仇人也是一座监狱，那人的一举一动都成了层层铁窗，天天为之而郁闷愤恨、担惊受怕。有人干脆扩而大之，把自己的嫉妒对象也当作了监狱，人家的每项成果都成了自己无法忍受的刑罚，白天黑夜独自煎熬。人类的智慧可以在不自由中寻找自由，也可以在自由中设置不自由。环顾四周多少匆忙的行人，眉眼带着一座座监狱在奔走。老生长谈，苦叹一声，依稀有银铛之音在叹息声中盘旋。

有一位商人，因欠巨债无能偿还而进了监狱。但他并没有因此抱怨、伤心，而是借此机会做自己以往无暇做的事——学习外语。开始学习外语后，他发现自己并不像生活在人们所说的"恐怖"的监狱里，他感觉日子过得飞快，而且过得非常开心。在他出狱那一天，他带出来一部 60 万字的译稿，并准备出版。

"坐牢"在这位商人的人生道路上该是一个多深的坎坷啊！然而，他是坚强的、明智的，他虽然刑满才释放，但是他为自己大大地减了刑。茨威格在《象棋的故事》里写一个被囚禁的人无所事事度日如年，而获得一本棋谱后日子过得飞快。外语就是这位商人的棋谱，轻松愉快地几乎把他的牢狱之灾全部赦免。他把"恐怖"的监狱当成自己发展的另一美好天地，继续奋斗着，他在为自己减刑。

　　找到生活的心灵"棋谱"，紧张充实有意义并且充满快乐的生活，一定可以使我们忘掉所谓的"牢狱之灾"。真正进监狱的人毕竟不多，但有的人却像真正的囚徒一样把自己关在心造的监狱里，不肯自我减刑、自我赦免。

　　公交车上，一个年轻的售票员，懒洋洋地招呼着上车的乘客，很不耐烦地回答乘客提出的到站问题，爱搭不理地售票，时不时地抬起手腕看看表，然后无聊地看着窗外，一眼就能看出他并不喜欢这个职业，因为他并未让旁人感到他从这项工作中获得了乐趣。相反，带给大家的是厌烦与种种的无奈。他给人的感觉就是他似乎成了这辆公交车里的囚徒，这辆车感觉就像是他心灵里的监狱，只是他却不知道刑期有多长。其实，他为何不让自己愉悦地融入工作，满心欢喜地把自己释放出来呢？那样这辆公交车自然会变成它实现自己价值的美好天地。

　　世界上最恐怖的监狱并没有铁窗和围墙，那就是我们自己的心为自己所造的心灵监狱。走在路上，看到那么多匆忙的行人，眉眼间带着生活的种种疲惫。舒一舒眉，让我们为自己减刑吧！除了自己释放自己，为自己减压，为自己找一个出口，还有谁能让你从心灵里真正恢复自由呢？

现实社会也是一个大监狱，我们谁也逃不了困境、痛苦等严刑拷打。但如果我们能把这些严刑当作对自己的一次次磨炼，学会为自己减刑，那么，我们的人生将会是出色和潇洒的。正如一位作家所说的那样：面对人生的境遇，我们应选择拥抱与品味，浸泡在痛苦中却能体味出甘甜，面对致命的打击仍能乐观面对；那么我们就是坚强而明智的，我们的人生是快乐而多彩的。生活对每一个人来说都是很琐碎、很具体、很现实的。用心感受每一个生活的点滴，都会从中得到收获。

善待压力从自制开始

要经常锻炼自己，面临压力不管大小，我们都要有自控能力。只有控制自己，才能控制住压力，让压力在你面前屈服。

有人说，人最难战胜的是自己，这句话的含义是：一个不善待自己的人最大的障碍不是来自外界，而是自身，除了力所不能及的事情做不好，自身能做的事不做或做不好，那就是自身的问题，是自制力的问题。

自我控制是一个人成长过程中最重要的个性品质之一，是衡量一个人心理成熟的重要标志。它代表着人对自己与周围环境关系的洞察，对自己适应能力的评价，对自身弱点的关注，并且能够积极地采取措施进行疏导，以适应环境对自己的要求。

要学会善待自己，就应学会控制自己，因为只有这样，你才会始终占据上风，由自己支配自己的情绪。自制就是要克制欲望，不要因为有点压力就心浮气躁，遇到一点不称心的事就大发脾气。自制力包括两个方面：自我激励，以提高活动效率；战胜弱点和消极情绪，实现活动的目的。有人说，一个人要想在事业上取得成功，应该面临许多的压力，才能锻炼自己。

一个善待自己的人，其自制力表现在：大家都做在情理上不能做的事，他自制而不去做；大家都不做在情理上应该做的事，他强制自己去做。做与不做，克制与强制，超乎常人性情之外，就是善待自己的要素。

自制力是我们达到预期目的的有效途径，有了自制力，规划事情才有实施下去的动力，否则将无从谈起。当然，培养较强自制力是一个循序渐进的过程，需要在日常学习中、生活中积累，从小事做起，时时刻刻约束自己的不良行为。提高自制力，可采用以下几种方法：

首先，要培养良好的品德修养。品德高尚的人才能理性地分析解决问题，才能不被外界的诱惑误导，头脑保持清醒，遇到诱惑能够克制住自己。

其次，要树立远大的人生目标并付诸实践，战国时期苏秦"锥刺骨"的故事，应该不会有人陌生，他的成功只凭借自己的一份决心，不断鞭策自己，最后功成名就。这不正是自制力的驱使吗？

最后，要广交好友，拓宽人际关系。可以学习并吸收别人的优点，不断充实提高自己，通过对不良事物的认知能力和抵制能力，在潜移默化中远离不良诱惑。

自制力对于增进生理和心理健康，也有重大作用，不能进行情绪控制和行为控制的人，是不会有健康的身体和健康的心理的。增强自制力，可以使你收获快乐，可以使你更加理智，要想成为有作为的人，那么请你铭记：自制力将是你走向成功的有利保障。所以，善待自己，就要学会控制自己。

丰富自己的兴趣爱好

丰富才能多彩，减压才能轻松，我们都需要不同的方式去缓解压力。广泛的兴趣爱好是善待压力的好方式。

一个人的业余爱好往往可以开辟另一片天地。在每天忙碌的工作之余，做做自己喜欢的事情，有助于放松身心，恢复精力，使生活变得更有情趣，生命更有意义。它可以缓解人在生意场上的压力，也能锻炼自己的思考力和创造力。

写写画画就是一种极好的快乐方法，说不定还会有意外的收获。

读书是一种休息，读书是一种需要，读书更是一种寻求快乐的方式。读自己喜欢的书，是最大的快乐。因为读一本自己喜欢的书，就相当于在和知心朋友谈话，书中的话就是我们正苦于无法表达的话，书中人的喜怒哀乐正是我们的喜怒哀乐。

如果你喜欢旅游，那么你一定有几个旅友，大家可以在一起聊聊哪里的风景比较漂亮？哪里的山峰适合攀登？哪里的湖水最适于泛舟畅游？天气好的时候，就可以一起走出去亲近大自然。轻松的氛围可以让人的心理有更大的放松，你不仅心情愉悦，同时增长见识，何乐而不为呢？

在舒缓悠扬的音乐中，潇洒地翩翩起舞，不知不觉你就用肢体语言宣泄了自己的感受和内心的冲突，随着轻松愉快的音乐伴奏，跳一段舞，你一样会得到快乐和放松。

如果你具有运动细胞，就需要把自己的时间多分点给这样的业余活动。运动可以让一个人充满活力，在一天的劳动工作之后，挑一个时间，约上几个志同道合的朋友一起做运动。你可以参加俱乐部，也可以去健身中心，或者到公园跑跑步、打打球，都可以让你一天的疲劳得到有效的缓解，心情格外舒畅。

总之，只要你愿意，快乐就在你的身边，在你的一切时间和空间里……

第八章

合理发泄愤怒也是一种排毒

给郁闷一个自然出口

郁闷是不良情绪积压造成的，不仅伤心，而且伤身，我们应该给郁闷一个自然的出口。

郁闷不是件好事情，它会搅乱我们的生活，损害我们的健康。当你郁闷时，请千万不要闷着忍受，要给郁闷一个自然的出口，让其如洪水一样泄去。

要让郁闷自然排解，我们就要学会跟着自己的感觉走。跟着自己的感觉走，就是该笑的时候笑，该哭的时候哭，该发泄时就发泄。科学研究证明：适当发泄对身体有好处。所以，在心情不好的时候，你可以尽情地发泄出来，发泄之后你会好受得多，而且有利于身体健康。

在生活中，不会发泄的人总是会有麻烦。比如，某个人的家人和朋友都知道他是易怒的人，因此他们都尽量不惹火他。万一他有什么不顺心，大家便有意无意地避开他。在他供职的公司，他一般还是会忍耐一些，不过，如果那些他本身就很讨厌的人惹到他，那他决不会善罢甘休。他很可能非常生气地骂几句莫名其妙的话，但也可能把矛头指向对方，连讥讽带谩骂。这种情况下，要是对方是个耐性稍差的人，他们就只好硬碰硬相互指责、争吵，甚至干脆以拳头解决问题。

那么问题在哪里呢？其实，问题就在于他无法控制自己的情绪。于是，同事们都害怕接近他，甚至连上司都不愿招惹他。情况严重时，他还可能因打人而被告到法庭上，而且可能经常受伤，却没人同情。在这种情况下，他其实应该好好考虑如何发泄他的情绪了。

无论碰到什么问题，首先要做的是先理智地分析一下情况，心平气和地把意见不和的地方拿出来同大家讨论。那种既伤人又伤己的发泄无助于解决分歧，反而会遗留下许多令你头痛的难题，所以应尽量避免。如果是在公司遇到的问题，可以向理解你、愿意听你倾诉的人寻求帮助，让他们为你拿主意。与同事产生了矛盾和摩擦，可以找第三者来调停。这样更容易让你察觉并改正自己个性上的弱点，以后就不会再出现这些问题了。

给郁闷一个自然出口，就是要学会适当发泄。适当发泄应取决于你的具体情况。比如，你是个很冲动的人，那就不妨在家里悬挂一个沙包，以方便自己的发泄。适当发泄的目的在于让郁闷自然地排解，所以我们首先要明确发泄是否有利于达到目的，然后判断发泄是不是达到目的的最好方法，最后还要决定采取什么样的应对方式，这样才能恰到好处地让自己得以发泄，又不至于让这种不佳情绪因过度表现而影响了人际关系。

当然，为了尽量减少产生不佳情绪的可能性，我们要学会体谅，学会宽以待人，学会恬静，但有时候，认认真真地发泄一次也是极有必要的。毕竟谁也不希望让郁闷破坏了自己的生活和工作，甚至是健康。

尖叫也是一种发泄

很多人，把尖叫视为一种疯狂的行为，特别是女士那超高的分贝会让人心惊胆战。其实，只要不影响到他人，大声尖叫并非一无是处，比如说，它能缓解人的精神压力，给人一个释放的空间。

许多心理治疗师认为：一切形态的不快乐与健康不良都起源于情绪得不到表达。他们主张，只要感受到情绪就要表达出来，完全抒发，不要作任何迟疑和保留。这样，人会变得心平气和，不受任何"包袱"拖累。你可曾留意，好好哭一场、捧腹大笑一阵，或者跟一个朋友或家人做了一席澄清疑猜、化解张力的谈话之后，你会感到多么舒坦！

在你心情不好的时候，尖叫也是一种发泄。你需要做的就是打开所有使你能抒发各种情绪的管道：你的心智、你的呼吸、你的声音。此事看来复杂，其实很简单。你只要尖叫，或者吼叫也行。

海伦是一个普通的白领。已经午夜2点了，她却无法入睡，几小时前和老公争吵的一切依然清晰地浮在眼前，老公那带有人身攻击性的言语深深刺伤了她。共同经营了20年的感情破碎于一场暴风骤雨的争吵之后，老公毅然提出离婚，海伦感到委屈、恐惧和不安。

凌晨5点，海伦坐上第一班大巴赶去上班，长途奔波，疲惫袭面而来，昏昏入睡。仓促间下车，手提袋就狠狠地撞了下车门，这下子，移动硬盘被撞坏了，熬夜赶出的策划也无法在公司讨论会上展示。因为无法展示部门的成绩，部门经理与海伦吵了起来。海伦内心充满了无限的委屈与无奈，一瞬间对生活失去了信心。

其实，如果你就是海伦的话，不妨拎个软软的枕头，走进一个你能独处几分钟的房间。先做个很深很深的呼吸，用枕头盖住脸，然后尽你所能大声尖叫或高吼。再深呼吸，然后再用枕头盖住脸尖叫。如此一而再，再而三。一直到你觉得自己所有情绪都已透过肺呼吸、声带的声音释放出去时，才停止。

你可以尽可能想出生活中，甚至世界上，你反对的一切事物，然后对着枕头大叫"不对！"如果你觉得疲惫、沮丧和懊恼，就大喊"我厌透了疲倦、沮丧和懊恼！"如果你感觉到幸福快乐，就喊"呀噢！"想出你生气的每个人，大叫"气死人了！"想出你爱的所有人、所有事物，大叫"好！"或"我爱你！"

如果你感到胃中灼热或背上疼痛，喊出来；如果你感到颈部僵硬或胸腔紧收，喊出来。直到你身体里最后一个细胞说："我喊完了，再无怨言了。"这时候，静静安坐片刻，你将感受到解脱压抑情绪的滋味。在日常生活中，要抒发你的情绪，就要培养这种解脱感，这就是发泄之道。

所以说，尖叫也是一种情绪的释放，是发泄的一种方式。而它对准的目标人群是现代都市里的工作一族，这些人有着太多的压力，比如就业的压力、住房的压力、生存的压力，各式各样的压力，让他们喘不气来，于是他们的情绪也变得不太稳定，不良情绪经常使他们无法正常有效地工作和生活。也许，你就是他们中的一员，这些情况也在你身上发生着，那么，你选择了尖叫作为你的发泄方式了吗？

大哭一场解千愁

哭作为一种常见的情绪反应，对人的心理恰恰起着一种有效的保护作用。哭会使心中的压抑与委屈得到不同程度的缓解和发泄，从而减轻精神上的负担，对健康有积极的作用。

人有很多减压的方式，比如打哈欠是睡前紧张情绪的释放，叹气是人主动地缓解压力。人在不开心时，常得到的劝慰大多是笑一笑，很少有人会劝其哭一哭。哭在人们的脑海中被定格为一种对身体有害的情绪反应，往往被人们视之与不好的事情联系在一起。其实，哭也是一种很好的解压方式，有助于个体达到暂时的平衡。

从医学角度来看，眼泪是泪腺分泌出来的一种液体，泪腺位于眼球的外上方。一般人平均每分钟眨眼 13 次左右，这是人的一种自我保护方式。每眨一次眼，眼睑便从泪腺带出一些泪水来，泪水不仅可以湿润眼球，与污染物混合后，还能从眼角把污物清除掉。

美国圣保罗·雷姆塞医学中心精神病实验室专家对眼泪做过相关的研究，他们发现，眼泪可以缓解人的压抑感。他们通过对眼泪进行化学分析发现，泪水中含有两种重要的化学物质，即亮氨酸与脑啡肽复合物及催乳素。有趣的是，这两种化学物质仅存在于受情绪影响而流出的眼泪中，在受洋葱等刺激流出的眼泪中则测不到这两种化学物质。

研究人员认为人体排出眼泪，可以把体内积蓄的导致忧郁的化学物质清除掉，从而减轻心理压力，保持心绪舒坦轻松。这个实验室的研究人员曾对 200 多名男女进行过为期一个月的"哭泣试验"，结果有 85% 的女性和 73% 的男性说他们在大哭一场以后心里舒坦了许多，压抑感测定平均减轻 40% 左右。

哭是人们情感的流露，哭往往是由于内心感到委屈或精神受到了重大刺激。面对外界环境的压力，人总是会先选择用积极的手段去消灭它，但是人的忍受力是有限度的，有时候也需要寻找一些途径来发泄。该哭不哭，一味地忍，闷在心里时间久了，心中的压抑就会越积越重，精神负担也就越来越大，进而出现精神萎靡、情绪低落，叹息不止，导致失眠，影响食欲，出现悲观厌世甚至轻生的念头，抑郁症往往就是这样造成的。

实际上，哭是人类常用来排泄悲伤和苦恼最自然的方法。在悲伤时人们经常会哭，妇女和儿童更是如此。所以说哭不是坏事情，哭有助于缓解悲伤、苦恼等情绪状态而引起的心理反应。

婴儿用哭泣来促进肺的成长，女人也因为比男人更擅长哭泣而较男人长寿。哭泣是造物者赐予我们的天生本领，自有它的奥妙所在。但长期以来，根深蒂固的观念都一直教导我们，哭泣是软弱的表现，尤其对男人来说更是如此。这样的枷锁，让我们压抑了哭泣的本能。当我们任凭痛苦和悲伤啃噬身体的同时，拒绝了一种健康的宣泄模式。

很久以前，有一名身负重伤的士兵从战场上归来后发现，迎接他的比战场还要残酷，家园被毁，爱人也背叛了他。他想哭，但是想起自己是男人，于是硬把眼泪忍了回去。大家都跷起了大拇指：男儿有泪不轻弹，你是个真正的英雄。

一天，国王要为女儿举行一次比武招亲大赛，许多人踊跃参加，这位战士也报名参加了。在比武中，他击败了所有敌手，取得了第一名的好成绩。为此，他又负了伤，但他咬紧牙关没有哭，一滴眼泪都没流。

他被带到公主面前时，身上还在流血。他满以为公主会把他当成首选，想不到公主却直接排除了他，公主说："我怎么可能选一个不会哭的人做我的夫婿呢？"士兵答道："哭是弱者的行为，真的勇士是从来不哭的。"

公主说："你错了，只有坚强的人懂得哭，哭维护了他心灵中至纯至美的地方。你不会哭，并不说明你坚强和快乐，恰恰相反，它说明你已经衰老和麻木。会哭的人还有希望与爱，而不会哭的人却没有。连哭的勇气都没有，说明你还不是一个真正的勇士，而是一个懦夫。不会为自己哭的人，也不会为别人哭；不会为痛苦哭的人，同样也不会为幸福哭。而一个不会哭的人，跟冷血动物还有什么区别呢？"

所以，男人应该摒弃那种"男儿有泪不轻弹"的观念。很多时候，为了回避在他们看来是非常荒谬的眼泪，他们便用快速行动来表达情感：构思新东西、打架、喝酒或逃避。人应该生活在一个快乐的社会中，眼泪能够让男人发泄，减少暴力冲动欲望，因此，男人想哭的时候，就要哭个痛快。每一个男人都应该记住：哭并不是女人的专利。

哭是一种最好的发泄的方式。哭能排除人情绪紧张时所产生的化学物质，从而把身体恢复到放松的状态，缓和紧张的情绪。在该哭的时候就要哭，这样才能得到快乐和幸福。人在极度痛苦或过于悲痛时，痛哭一场，往往能产生积极的心理效应，可以防止痛苦越陷越深而不能自拔。

总之,人在情绪很不佳时不哭是有害于健康的,很多时候哭比笑好,哭是有益健康的。无论何种情感变化引起的哭都是机体自然反应的过程,不必克制,尤其是当你心情抑郁时,大声地哭出来,你就会获得一份好心情。既然哭是有益的,那么,让我们"大哭一场解千愁"吧!

千万不要堆积情绪

坏情绪就像毒素,累积得越多毒性就越大,也许一开始它还毒不死一只"蚂蚁",可是到后来,你会惊恐地发现它能轻而易举地毒死一头"大象"。所以,请尽早地解决这些坏情绪,不要让它们堆积成山。

你常有这样的感受吗?只要遇到一件倒霉事,一系列的倒霉事都会接踵而来。你一整天的心情都被搞得乱七八糟。而管理情绪的诀窍在于不要让坏情绪堆积起来。

我们先来看看雷纳德一天的遭遇:

早晨:下着小雨。雷纳德最讨厌下雨了,刚上了油的皮鞋会沾水,裤腿也会带上泥;穿西裤吧,刚买的名牌,舍不得在雨中穿;穿休闲裤吧,白色的很快就变脏。像这种毛毛雨又懒得打伞,坐出租车都要排队。接女朋友也不方便,要是晚去一会儿,塞丽娜就会噘着嘴巴气跑了,然后几天不理他。雷纳德躲在被窝里烦躁了一会儿,一看表,快迟到了,雷纳德一阵心慌。

上班途中：公车站牌下雨伞林立，伞下一张张脸翘首以待。雷纳德看看自己的名牌西服，决定坐出租车。好不容易一辆空车过来，立刻有人蜂拥而上，根本就挤不上去。如此三番，雷纳德还没坐上，心里只恨自己没有车。终于等到机会，找到一辆车，但上车刚一落座，一股凉意沁入屁股，扭身一看："天哪，你这车上怎么有水啊！"

　　司机回头说："下雨天能没有水吗？"

　　"那也不能有这么多啊！"

　　"噢，可能是刚才的乘客把伞放在车座上了吧。"

　　雷纳德憋了一肚子火，没好气地说："早知道还不如坐公车，白白糟蹋了我的新西裤。"

　　"要怪只能怪这鬼天气。"

　　"坐你的车就怪你！"雷纳德拿纸巾去沾屁股上的水，湿漉漉的纸巾立刻粉身碎骨，雷纳德甩着手，碎纸屑却粘着手不肯掉。他嘴里嘟囔着："真倒霉！"

　　司机回他说："别人放在车座上，我哪看得见！"……

　　就这样，雷纳德和司机打了一路的嘴巴官司，窝了一肚子火，车一到站赶紧埋单下车。走到办公室才发现，司机竟没找零！坐了一屁股水，还白送司机10块钱。雷纳德气得不行！

　　办公室：刚进办公室，同事就通知雷纳德，策划方案没通过，退回修改。那份策划可是雷纳德熬夜后的心血，全企划室，也只有雷纳德能拿得出这种像样的方案来，再修改，说得轻巧！坚决不改！雷纳德心里又委屈又气愤，决定搁到一边等经理来找他。可是等了一天，经理也没来。

　　下班：雨依然淅淅沥沥，天依然阴着，雷纳德依然打不起精神来。突然间，他想起下午忘了给塞丽娜打电话，他们约好了下午打电话决定晚上到哪里吃饭的。一看表，糟了，6点了，雷纳德赶紧打电话过去，但办公室没人听，估计塞丽娜早下班了。打她手机，半天才接，手机里传来塞丽娜尖利的声音："你怎么回事啊！现在才睡醒吗？我已经跟别人约了！"啪的一声，塞丽娜就挂了电话。都怪这鬼天气！雷纳德半天没回过神来。

瞧，坏情绪就是这样堆积起来的。当我们遇到一件倒霉事，坏心情就开始进入我们内心，如果没有及时地解决，又带着坏心情去处理其他的事情，自然会起连锁反应。心理学家研究表明，当一个人处于坏情绪之中时，下丘脑就会分泌出一种叫"多巴胺"的物质，这位"多先生"会让你的情绪越来越糟糕；而当一个人高兴的时候，下丘脑就会分泌出一种叫"去甲肾上腺素"的物质，而这位"去先生"会让你的心情越来越舒畅。

所以，心理学家建议：当坏情绪刚刚冒头时，就立刻把它消灭掉，千万不要让坏情绪堆积起来，不要让你的心情在"多先生"的感染中越来越糟。这样的处理方法就好像一路走一路丢掉身上的包袱，你会越走越轻松。

现在，让我们全面解析雷纳德的情绪，运用心理学家简易的方法帮他逐个丢掉身上的包袱。你会发现，是要"多先生"还是"去先生"，关键看自己的选择。

早晨：谁说阴雨天会带来坏心情？雷纳德已经有了一个思维定式：一下雨就会有坏心情。按照这样的路线走下去，心情能好得起来吗？这种行为在心理学上叫"自我暗示"。雷纳德不断地暗示自己，只要下雨，自己就会倒霉。好像失眠的人总说自己会失眠一样，所以总是失眠。雷纳德可以去做一个调查：还有很多人特别喜欢下雨呢！下雨，可以听着雨打玻璃的声音安然入睡；下雨可以滤掉马路上的灰尘、噪声，让空气清新起来；下雨，可以给女朋友送伞讨好她，还可以和她共撑一把伞，在雨中漫步，然后趁机搂住她的肩……所以，换个角度看问题，阴雨天也会有晴朗的心情。

上班途中：不就是坐了一屁股水吗，庆幸的是没坐一个烟头、一摊油。要有同事问你屁股上是什么东西，你正好幽他一默："我返老还童了。"倘若是女同事，还指不定怎么乐呢？能博红颜一笑，不亦乐乎？

办公室：别人都做不出来的策划案，惟独你能做出来，这不正好证明你比别人强？重要的方案不可能一次通过，退回来修改很正常，再说又不是让你重新做一份。积极的做法是，站起来，主动去敲经理的门，问问清楚，究竟是哪些地方欠缺，怎样修改。主动和上司沟通，会让你心情舒畅、信心十足。

下班：一整天的坏情绪已经一一被化解了，那就不会忘记和女朋友的约会；即使忘记了也不要紧，打一个电话过去，潇洒地告诉她："我马上过去埋单！"不把她乐死才怪！

所以，只要按这种逐个击破的方法，那么我们的坏情绪并非不可化解的。这种方法的关键在于你要在坏情绪刚出现苗头时就将它们扼杀在摇篮里，不要等它们暗暗堆积起来，最后形成一股巨大的力量一起向你攻来，到时，即便你想反抗，也为之晚也！

脾气可以被转移

发脾气大多是不必要的，这就给了你转移脾气的可能性。懂得转移脾气的人，才是真正懂得控制自己的人。

古时候，人们都利用脚力极佳的骡子来驮运笨重的货物。骡子的体力虽然很好，但却有一个令人烦恼的缺点，那就是骡子的脾气非常不好。

如果一头骡子使了性子，它的四只脚便会像上了钉子一样，固定在地面，一动也不动；无论主人怎样使劲鞭打，骡子就是不动，一步也不会向前走。

一天，一位老和尚和小和尚在运东西的途中就遇到了这样的情况。小和尚面对着不肯迈步的骡子，又急又气，于是就举起了鞭子准备打它。

老和尚赶忙制止了他："慢！慢！每当骡子闹脾气时，有经验的主人，不会拿鞭子打它，那样只会让情况更加严重。"

小和尚忙问："那该怎么办呢？"

老和尚指指脑袋说："你可以运用智慧。"说着，老和尚很快地从地上抓起一把泥土，塞进骡子的嘴巴里。

小和尚好奇地问："难道骡子吃了泥土，就会乖乖地继续往前走了吗？"

老和尚摇头道："当然不是，骡子不吃土，它会很快地去吐嘴里的泥沙；此时，主人只要驱赶它一下，它就会往前走了。"

小和尚诧异地问："怎么会这样呢？"

老和尚微笑着解释道："原因很简单，只要骡子忙着处理口中的泥土，便会忘了自己刚刚生气的原因。这种塞泥土的做法，就是一种转移法。这个方法不仅在骡子身上有效，同样在人发脾气的时候也有效。"

是啊，我们人有时候会像故事中的骡子一样不时地发些莫名其妙的脾气。我们发了脾气后自己痛快了，却往往伤害了别人，然后自己又因这种伤害而感到内疚，所以发脾气只会造成对自己和他人的伤害。要避免这种伤害，就要及时地"转移脾气"。

转移脾气有很多方法，比如上面的故事中老和尚采用的转移注意力的方法，除此之外，你还可以将脾气转移到小事上去。

美国名人之一毕林斯先生，曾任全美煤气公司总经理达30年之久。他在任总经理期间，给人留下最深刻的印象，就是他对于许多小事常常会大发脾气，对于那些重大事情却反而镇静异常。

有一次，他乘车回家，下车时，把一盒雪茄遗落在车里了，不久他记起来，于是立刻返身去找，但雪茄早已不见了。这包雪茄的价值，不过是5美分，对他而言真可算是微乎其微的损失。但他竟因此而气得面红耳赤、暴跳如雷，以致旁观者都以为他失去的是一件价值珍贵的宝物。

在全世界闹经济恐慌的那段时期，毕林斯先生有好几天因为卧病在床，没有去公司办公。就在这几天里，有一家银行倒闭了，他凑巧在这家银行里有几万美元的存款，结果竟然成了"呆账"。等到他病愈后，听到这个消息，却只伸手搔了搔头发，然后沉思了一会儿，便说："算了，算了。"这次的损失可以说是上次掉盒雪茄的 10 万倍，但毕林斯反而镇定得若无其事，这全靠他平时就将脾气发泄到了小事上，所以遇大事时就能更冷静。

实际上，遇到一些感觉不快的小事时，你可以尽情地发脾气，直到你的心境完全恢复平静为止。因为这样可以使你永远保持开朗镇定的情绪，使你一旦遇到大事，就可以用全副精神从容地应付。否则，不论事情大小，遇到怒气便积在心里，等到面临更大的打击时，你堆积了很久的怒气便会如气球一样爆裂，这种爆裂将会冲破理智的约束，使你变得毫无自制能力。

除了将脾气转移到小事上，你当然还可以将脾气转移到其他方面，有时甚至可以转化成好心情。

温德尔密太太正在教她 5 岁的儿子奥斯卡使用剪草机，母子俩剪得正高兴时，家里的电话铃响了，母亲进去接电话。不一会儿，温德尔密太太出来后看到一幕惨剧：奥斯卡把剪草机推向她最心爱的郁金香花园，不一会儿，已经有两米长的花圃被剪掉了。

温德尔密太太看到这一切，青了脸。眼看她的巴掌已经高高地举起……忽然，温德尔密太太的丈夫沃尔德出来了，他看见满地狼藉的花圃，马上明白发生了什么事。沃尔德小声、温柔地对太太笑道："亲爱的，我们现在最大的幸福是养孩子，不是在养郁金香，你说对吗？"两秒钟后，他们交换了一个微笑，看着活泼的儿子，心里感觉很幸福。

事实上，转移怒火只是轻而易举的事，可以轻轻松松地做到，只要你有这样的积极态度，再加上你对生活的细心体验，你就不难发现转移怒火的方法，并将它轻松地付诸实践。

把你心中的郁闷说出来

当你感到郁闷焦躁的时候，你的内心一定犹如翻江倒海一样的不安。我们都会碰到这样不安的情绪，它不仅会影响我们的心情，还会影响到我们的生活。面对这种境地，你会选择怎样的方式来化解这种坏情绪呢？

张明山是一个中学老师，前几天他遇到了一件奇特而又有点可笑的事：

那天晚上，他已经快睡着了，突然接到一个陌生妇女打来的电话，对方的第一句话就是"我恨透他了！""他是谁？"张明山奇怪地问。"他是我的丈夫！"张明山想，噢，她是打错电话了，就礼貌地告诉她："你打错电话了。"

然而，这个女人好像没听见似的，继续说个不停："我一天到晚照顾孩子和生病的老人，他还以为我在家里享福。有时候，我想出去散散心，他都不让，而他自己天天晚上出去，说是有应酬，谁会相信……"

尽管这中间张明山一再打断她的话，可她还是坚持把话说完了。最后，她对张明山说："您当然不认识我，可是这些话已被我压了很久，现在我终于说出来了，舒服多了。谢谢您，打扰您了。"

这个事情似乎比较可笑，其实也有辛酸的一面。这个女人因为积压了过多的焦虑，已经到了非发泄不可的程度。为了自己心理的健康，她只好急不择人，随便找人发泄一气了。还好，张明山的倾听让她暂时得到了情绪的缓解。

这个女人是让人同情的，如果她不及时发泄，也许会出现精神错乱，甚至更可怕的恶果。每个人的一生都会产生数不清的意愿、情绪，但最终能实现、能满足的并不多。一旦这样的情绪和意愿被压制，就会产生一种心理上的能量，这种能量只有通过其他的途径才能释放出去，它自身不会丝毫地减少，这就好像物理学中的"能量守恒定律"，即使你在压抑、克制阶段意识不到它的存在，也只说明它从"显意识层"，转移到了"潜意识层"，对你的影响仍然存在，而且一直在找机会真正发泄出去。

老王是某单位副总，与上司关系处理得很不好，工作起来不愉快，想换其他部门又不可能，是继续与上司对抗还是妥协？或寻求和解？老王觉得自己根本找不到办法，就开始逃避。

由于有了这种逃避心理，老王对工作也有了畏缩心理。平时遇到需要他处理的事情，他一般都会采取不表态、不提建议的方式，进行消极对抗。而且，从前烟酒不沾的他开始喝酒，业务上也开始不求上进，喜欢回家看电视。因为不知如何应付与上司的人际关系，老王长期失眠，情绪焦虑，胃口不好，常在家中发脾气，甚至迁怒于妻儿。对此，他非常苦恼。

其实，老王之所以这样苦恼，是因为他没有给自己的坏情绪找对发泄的渠道。压制自己的坏情绪，并不见得是件好事，就像是吹气球，不停地吹，它终究会爆掉。情绪也是如此，不停地给它施压，它就会爆发。所以，要学会倾诉，理智的缓解不良情绪，不要把它压在心里，这样做只会给坏情绪施压，等到我们再也压制不住的时候，它就会像开关坏掉的水龙头一样，一发不可收拾。

找对你的出气筒

宣泄情绪需要找到你的正确方式，不要盲目地宣泄你的不良情绪，因为很多时候，采取的方式不当，不仅伤人还会伤己。

任何事情都不像你想象的那样，那么值得耿耿于怀，让你生气和懊恼的不过是你自己罢了。不为小事烦恼，如此，才有充沛的精力去做更多有意义的事。面对自己始料不及的情况时，很多人往往会失去理智并迁怒于人，但这样只会把事情弄得更糟。如果我们把生气的时间花在解决问题上，那么事情就会变得顺利多了。

林肯说过这样一句话："无论你怎样表示愤怒，都不要做出任何无法挽回的事情来。"

有一天，陆军部长斯坦顿怒气冲冲地来到林肯面前，抱怨一位少校公开指责他偏袒下属。林肯建议斯坦顿立即写一封信回敬那位少校。

"可以狠狠地骂他一顿。"林肯说。

斯坦顿立刻写了一封措辞激烈的信，然后拿给总统看。

"对了，对了。"林肯高声叫好，"要的就是这个！好好地教训他一顿，真写绝了，斯坦顿。"但是当斯坦顿把信叠好装进信封里时，林肯却叫住他，问道："你要干什么？"

"寄出去呀。"斯坦顿有些摸不着头脑了。

"不要胡闹。"林肯大声说，"这封信不能发，快把它扔到炉子里。凡是生气时写的信，我都是这么处理的。这封信写得好，写的时候你已经解了气，现在感觉好多了吧，那么就请你把它烧掉，再写第二封信吧。"

和别人生气的时候，要注意控制自己的情绪，既不要把自己的愤怒压抑在心底，也不要将愤怒向别人发泄，而是找出一个缓解愤怒情绪的合理步骤。让自己的情绪缓一缓，等自己的内心平静了再做决定。

许多心情不快的人使自己陷于一种含有敌意的沉默中。其实，如果你能把这种不快表达出来，你就会感到某种轻松和真正的愉快。我们不妨学习一下林肯的做法，把自己的不好的情绪，或者是憎恨的人写在一张纸上，然后投进火炉里，让所有影响到你的坏情绪和不利因素都付之一炬。这样，不但我们的情绪得到了发泄，还不会危及他人。

找对自己的出气筒，不要一味地压抑胸中的怒火，不然，它会像一颗定时炸弹，会在适当的时候爆炸。如果不让它平息下来，便会毁灭一切。

疏导压抑情绪，走出封闭心理

压抑情绪就好像一条无形的绳索，将人们的精神紧紧抓牢，让人们每时每刻都觉得痛苦、压抑、无法释放自己。它存在于社会各年龄阶段的人群中，它与个体的挫折、失意有关，继而产生自卑、沮丧、自我封闭、孤僻等病态心理行为。挫折与压抑感之间互为因果，形成一个恶性循环。那么怎样才能疏导压抑，为自己的当下解绑呢？具体方法如下。

1. 运动法

压抑情绪能量的发泄的确是来势汹汹，好像不可阻挡。实际上，在一定控制范围内的适当宣泄，可以改善自己的情绪健康状态。比如，当你感到压抑时，不妨赶快跑到其他地方宣泄一下，干脆出去跑一圈，或做一些能消耗体力又能转移自己思想的体育运动，踢足球或打篮球都是不错的选择。特别是在活动中与人的合作和接触，又让我们有了新的交流。当你累得满头大汗气喘吁吁时，你会感到精疲力竭，相信这时你的压抑情绪已经基本被抚平了。

2. 眼泪法

对于压抑情绪的能量发泄，还有一种方法，就是在我们感到十分压抑时不妨大哭一场。哭，也是释放积聚能量、调整机体平衡的一种方式。在亲人面前的痛哭，是一次纯真的感情爆发，如同夏天的暴风雨，越是倾盆大雨越是晴得快。许多人在痛哭一场之后，觉得畅快淋漓，压抑的心情也会随着泪水的流落而减少许多。为什么会这样呢？人们经过研究，发现奥秘在于眼泪。美国生物学家曾挑选了一批志愿者，组织他们观看一些令人悲痛欲绝的电影或戏剧，并要求他们在痛哭时把事先发放的试管放在眼睛下面，将眼泪收集起来。他们发现，一个正常的人在哭泣的时候，流出的眼泪有100～200微升，即使一场号啕大哭，眼泪也只有1～2毫升。在哭泣以后，心动过速、血压偏高者症状均有不同程度的减轻。经过化学分析得知，原来在这些流出的眼泪中，含有一些生物化学物质，正是这些生化物质能引起血压升高、消化不良或心率加剧。把这些物质排出体外，对身体当然是有利的。

3. 倾诉法

倾诉，是缓解压抑情绪的重要手段。当一个人被心理负担压得透不过气来的时候，如果有人真诚而耐心地来听他的倾诉，他就会有一种如释重负的感觉。所谓"一吐为快"正是这个道理。对此，现代心理学中有"心理呕吐"的说法。美国心理学家罗杰斯认为，倾听不仅能使听者真正理解一个人，对于倾诉者来说，也有奇特的效果，心理上会出现一系列的变化。他会感觉到他终于被人理解了，内心有一种欣慰之感进而使压抑情绪得到缓解，心理上似乎感到一种解脱，还会产生某种感激之情，愿意谈出更多心里话，这便是转变的开始。一个人如能从混乱的思绪中走出来，换一个角度去思考问题，重新审视自己的内心世界，那些原来以为无法解决的问题，就会迎刃而解。

4. 宣泄法

如果以上三种方法对你均没有产生效果，那么你就必须寻求心理医生的帮助了。心理医生会引导人们把自己心中的积郁倾吐出来，这称为宣泄疗法。宣泄疗法在现实表现中有一定的功效。当人们把自己的压抑情绪体验宣泄出来时，不仅能减轻宣泄者心理上的压力，也能减轻或消除他们的紧张情绪，容易使发泄者恢复到平静的心情。

我们经常可以看到有些心胸开阔、性情爽朗的人，他们心直口快地把自己的压抑情绪诉说出来，便不再愁眉苦脸了。所以，这种人的心理矛盾往往能获得及时解决。可是我们也常看到一些心胸狭窄的人，爱生气，心中总是闷闷不乐，由于心理压抑长期得不到解决而容易发生心理疾病。

大多数人常以某种方式来压抑情绪。当被困在不安、伤心、伤害与拒绝的强烈恐惧中，情绪就好像是地雷一样，必须小心翼翼地处理，以免感情受到伤害。出现这种强烈情绪反应的征兆是人们裹足不前，以避免有高度情绪性冲突的情况出现，比如：不愿与挚爱的人有激烈的争论，不愿去看患病的熟人，或不愿与意志消沉的朋友在一起。为了不使自己受到伤害，这些人尽可能避免与他人接触，也不愿与工作上的伙伴有所牵连，以防自己因意外的打击而跌倒。就因为这样，他们不愿扩大生活圈，不敢看恐怖电影，因此也失去了许多体验生命价值的机会。因此，疏导压抑情绪就显得尤为重要。

消极暗示会左右你的情绪

在心理学上，自我暗示指通过主观想象或相信某种特殊的事、物、人的存在来进行自我刺激，达到改变行为和主观经验的目的。消极的自我暗示可误导个人的判断和自信，使人生活在幻觉当中不能自拔，并做出脱离实际的事情来。消极的自我暗示还可使人对外界事物的认知形成某种心理定式，为人处世比较偏执，凭直觉办事。

生活中你有没有过这样的情况：到超市买东西，回到家一清点，发现有一些是可有可无的，连自己都不知道为何会买这些小东西；

我们本来对某个人没有什么印象，等过了一段时间后却觉得他面目可憎；早晨到了办公室，本来精力充沛，心情愉快，过了一会儿却变得烦得要命。

蒋先生下午要出差，他看着时间还早，就去公司取了一个今天刚到的邮件，结果，时间有些紧。为了准时赶上火车，他心急跑了一段路，结果由于心情过于紧张，再加上剧烈运动，引起了心跳过速，胸部发闷，最后导致昏厥。

在医院经过检查，医生告知他是因为神经过于紧张引起的休克，他的身体没有什么问题。这本来不是什么大不了的事情，可蒋先生却不这样认为，因为昏厥的情绪记忆，让他不知不觉地陷进了情绪的假象中，这种情绪记忆一旦受到几次刺激，就会自动冒出来，提醒他自己一定是心脏不好。从此以后，他做事总是小心翼翼的，再也不敢单独出门，总把自己当病人。

之后，他只要感觉自己的身体不舒服，就觉得一定是什么病症引起的，就这样，他的症状越来越多，越来越重，以致到了最后，他真的身患重病，卧床不起了。

蒋先生的例子是典型的消极暗示造成的恶果。人一旦处在紧张情绪中，是很难对事态做出正确分析的。

受暗示性是人的心理特性，它是人在漫长的进化过程中，形成的一种无意识的自我保护能力，当人处于陌生、危险的境地时，人会根据以往形成的经验，捕捉环境中的蛛丝马迹来迅速做出判断。这种捕捉的过程，也是受暗示的过程。因此，人的受暗示性的高低不能以好坏来判断，它是人的一种本能。

人们为了追求成功和逃避痛苦，会不自觉地使用各种暗示的方法，比如困难临头时，人们会相互安慰："快过去了，快过去了。"从而减少忍耐的痛苦。人们在追求成功时，会设想目标实现时非常美好、激动人心的情景。这个美景就对人构成一种暗示，它为人们提供动力，提高挫折耐受能力，保持积极向上的精神状态。

　　在生活中，我们无时不在接受着外界的暗示，比如，电视广告对购物心理的暗示作用。广告的影像、声音都具有强烈的暗示性。人们看电视时，都是东看看西看看，是一种无意的行为。在无意中，人们缺乏警觉性，这些广告信息会悄悄地进入人们的潜意识。这些信息反复重播，在人的潜意识中积累下来。当人们购物时，人的意识就受到潜意识中这些广告信息的影响，左右你的购买倾向。比如，当你对两个品牌的东西拿不定主意时，多半会选择那已经进入潜意识中的品牌，所以当我们回到家，再注意到当初的选择时，感到莫名其妙。这就是我们经常会乱买东西的一个原因。

　　在生活与工作中，懂得使用积极的暗示，可以让事情更美好。而习惯使用消极的暗示，往往把事情弄糟。比如，有的女孩儿老是觉得"人家不喜欢我"，到头来发现，大家果然不再喜欢她了。因为她老是这样暗示自己，大脑的意识就停留在她那些不好的方面，她的行为就难以逃出这些不好的方面。

　　还有的人老是觉得自己的工作做不好，能力差，到头来，他真的差了，因为这样的暗示令他减少了努力尝试的机会。一个总是暗示自己失败的人，最后的结果只能是失败。因此，我们要警惕自己内心的消极自我暗示，不要因为被它左右，而否定了自己真实的能力。

常见的一项研究证明，当你在生气的时候，可以找一面镜子，对着镜子努力做出笑容来，持续几分钟之后，你的心情会变得好起来。不信你回家试试。彻底改变脾气不好的办法还是你将你已经明白的道理付诸实施，不要一味地希望环境或社会能够完全顺自己的意。通过情绪控制训练的方法来尽可能地控制消极情绪或将消极情绪尽快转化为积极情绪。因为消极的情绪可以给人带来较大的伤害。首先，健康的积极情绪有利于人的身体健康，而消极情绪则会给人的机体带来损害。

　　好好生活吧，生活其实有很多美丽之处，只是当我们忙于我们追求的一切时，忽略了很多东西，不能静下心来欣赏。别让生活中那些无谓的小事影响我们自己的心情，学会控制自己的情绪，成为情绪的主人，别让坏情绪影响自己的生活。

第九章

人生没有绝对的公平，别苛求完美

生活难免会有不公平，看开就好

生活中，不公平处处可见，有人为的不公平，也有因人们的习惯因素所导致的不公平。例如：相貌美丽的人往往比相貌丑陋的人更容易受到好运的青睐。所以，公平只是相对而言的，若想要公平，首先就要适应不公平。

如果你比别人高，那么或许别人比你漂亮；如果你比别人聪明，那么别人的情商或许比你高。这世界上到处都是不公平，有一些只是你没注意到，有时你甚至是站在有利的那一端的。

对待生活中存在的不公平的地方，你也没有必要愤愤不平，最聪明的做法是：想办法把这种不公平争取到自己这边，把不利变为有利，化危机为生机。生活中从来没有绝对的公平，也没有绝对意义上的不公平。看起来公平的规则往往潜藏着一些不公平，我们只有利用自己能制造某些不公平因素的条件去争取公平。

正因为这个世界上到处都充满不公平的事情，所以在某种程度上讲，不公平也是一种公平。我们生活的地球本身就是不平的，一不小心还会平地里摔跟头，更不用说错综复杂的人际关系和危机四伏的社会陷阱，要想在生活中获得快乐的体验，没有一点看得开的眼力和智慧是不行的。

比尔·盖茨说："无论遇到什么不公平，不管它是先天的缺陷还是后天的挫折，都不要怜惜自己，而要咬紧牙根挺住，然后像狮子一样勇猛前进。"除了他的智慧，这样的心态才是他获得成功的重要条件。

你要学着接受，同样是石头，有的被打磨成大理石，镶嵌在富丽堂皇的大厅里；而有的却铺在路上被人们踩踏。差别真的很大，因为生来万事万物就是有区别的，我们无法抗拒这样的不公，因为这样的不公在自然界里比比皆是。

在生活中不也一样吗？命运女神注定要把人们分成"养尊处优"与"出身贫贱"两类人。在同一所学校一起成长的同学，以后注定会有不同的命运，有的会成为某方向的专家、精英，而有的人则可能一辈子只做一个清洁工。我们要理性地对待这种现象，认识这种现象背后所隐藏的道理。

当你遭遇不公平时，必然会有愤恨的情绪，但不如把这种不公平当作对我们的一种考验，考验人战胜自我的能力。唯有经过了这些考验，我们才能找到奋斗的动力，从而给自己带来全新的人生。

坦然接受命运的不公

这世界上有绝对的公平吗？

不，当然没有。

从我们出生的那一刻起，不公就显现出来了，有些孩子出生在宾馆一样的病房，有些孩子则降生在自家黑乎乎的炕头上；到了上学的年龄，一些孩子穿着新衣，背着新书包踏进了美丽的校园，而有些孩子却只能眼睁睁地看着别人背着新书包暗自伤神；毕业后，有些孩子凭着同等的学历、一样的能力，靠着关系进入了知名的企业，而有些孩子通过自己的努力，只能找到一份维持生计的工作。我们生活中随处可见这样的不公。

虽然大多数人没有前者那么优越，也没有后者那么凄惨，而是处在一个中间水平，但是仍能处处感觉到不公，自己的父母为什么是农民而不是城市里的知识分子？自己大学毕业时，为什么偏偏赶上国家不再分配工作？为什么到了自己该成家立业的时候，房价是几年前的好几十倍？为什么自己拼命工作，而老板却把晋升的职位留给了他的亲戚？

面对这样的不公时，你会怎么办？会唉声叹气，还是发泄情绪变成一个愤青？其实不管你怎样做，这些不公都不会随着你的发泄而消失。

生活中的不公实在太多了，很多人为此仇视不平，背地里唉声叹气，指责抱怨，这或许能解一时之气，但不能改变实质。

所以，如果你想躲避这样不公平的境遇，你就应该坦然面对并去挑战它。

在遭遇不公时，更多的人想到的是去改变这种不公，其实，这多半是行不通的。试想，如果你大学毕业在基层工作，一边愤愤不平，一边敷衍工作，那么你有机会升职吗？你的领导会认为这么简单的事情你都做不好，根本不会有能力去做更难的工作。要想改变不公，唯一的方法就是理性对待，改变能改变的事情，去适应现在的工作环境。

牢骚满腹解决不了问题，只有坦然面对、做好自己的事情，才是解决不公唯一的方法。

在这个竞争激烈的社会，即便你有满腹的才华，也不一定有机会一下子做到单位的领导。比如你大学毕业，却不得不从基层干起，有什么办法去改变呢？只有先去适应才有机会，适应就是志存高远、踏踏实实地去干；如果我们无法适应，因此怨天尤人，不敢面对现实，整天活在忧郁之中，那么我们等于被生活击垮了。既然这样，我们不如去思考如何更好地去适应生活中的不公。唯有适应当下，才有机会去改变自己的处境。

学会接受不可更改的事实

很多时候我们都喜欢假设，假设自己非常漂亮、身材又好，假设当初能再坚持一下，假设我嫁给了爱我的人而不是我爱的人，假设第一次创业没有失败，等等，如果这些假设都能够成立，那么这个世界一定会变得非常完美，至少是我们认为的圆满。

遗憾的是，人生不过是一张单程车票，所有走过的、经历过的都成为不可更改的事实和历史。如果这些事实是幸运的，带着祝福，带着快乐，我们自然愿意欢欢喜喜地接受；如果是不幸的，带着伤害，带着眼泪，我们的心就会排斥，不愿接受，就会掉进各种假设的陷阱，悔恨、懊恼、失望、自责，直至身心俱疲。无论你愿意接受还是不愿意接受，这就是生活的真相，且无法更改一丝一毫。

世界上的很多东西都是不完整的，这些不完整促成了人间的烦恼甚至悲剧。比如说人的寿命是有限的，多少年就是多少年，并不像《西游记》中所描述的那样是由阎王把持的。正因为这样，很多人不甘心，总是想改变这些事实。古代很多皇帝都曾经到处寻找长生不老的秘方，可到最后，还是逃脱不了死亡的宿命。

人的一生是有限的，这就是事实，我们别无选择，只有接受。要想活得开心一点，就得学会接受那些无法改变的事实，在接受事实的情况下再做打算。

有个成语叫"木已成舟"，听到这个词，就会觉得人生有很多无奈，但有些事情是我们不能把握和控制的。既然已经既成事实，我们就不要再为成舟前的那块木头做各种假设，也许在能工巧匠的手下，它可能变成一张典雅而高贵的梳妆台，或者经过不同程序的加工会变成一张张洁白的纸，总之在没有变成舟之前，它的命运有很多种。可是，既已成舟，意味着"放弃"了其他所有可能的命运，只能以舟的形式存在着，就算不喜欢，甚至厌恶，也不能改变。再多的抱怨也无济于事，我们只能接受，接受遭遇的不公，接受生活的真相。就像我们打扑克的时候，无论抓到的是一手好牌还是烂牌，都要想办法发挥出最高的水平去赢下来。勇于接受生活真相的人，才能成为真正的强者。

有人说，不幸是催生美好的力量。没错，如果没有经历颠沛流离人生失意的挫折，我们能阅读到曹雪芹那不朽的巨著吗？如果李白真的官场得意、平步青云，他还能吟出千古传诵的浪漫诗篇吗？

遭遇不幸，更多的人会拿假设来慰藉自己，这本无可厚非，但若是沉溺其中，这些假设就会成为你心灵的枷锁，束缚你追求成功的力量。所有发生的事情，都是注定无法改变的真相。你若想否认这些事实，其实就是在否定自己。我们要学会接受真相，不和过去的任何事情较劲，才有精力去"改造"自己不尽如人意的命运。

我们应该接受已经发生的、不可改变的现实，并从这个现实出发，再另行考虑，而不是每天想着怎样改变这种现状，或者是心有不甘地想着要如何回到过去。这样做既不能改变现状，又会浪费宝贵的时间。与其这样，还不如接受这个无法改变的现实，积蓄力量，等待时机，东山再起。

不完满才是人生

一位名叫奥里森的人希望寻找到一个完美的人生，他某天有幸遇到了一位女士，她告诉奥里森她能帮他实现愿望，并把他带到了一所房子前让他选择他的命运。奥里森谢过了她，向隔壁的房间走去。里面的房间有两个门，第一个门上写着"终生的伴侣"，另一个门上写的是"至死不变心"。奥里森忌讳那个"死"字，于是便迈进了第一个门。接着，又看见两个门，左边写着"美丽、年轻的姑娘"，右边则是"富有经验、成熟的妇女和寡妇们"。当然可想而知，左边的那扇门更能吸引奥里森的心。可是，进去以后，又有两个门。上面分别写的是"苗条、标准的身材"和"略微肥胖、体型稍有缺陷者"。用不着多想，苗条的姑娘更中奥里森的意。

奥里森感到自己好像进了一个庞大的分拣器，在被不断地筛选着。下面分别看到的是他未来的伴侣操持家务的能力，一扇门上是"爱织毛衣、会做衣服、擅长烹调"，另一扇门上则是"爱打扑克、喜欢旅游、需要保姆"。当然爱织毛衣的姑娘又赢得了奥里森的心。

他推开了把手，岂料又遇到两个门。这一次，令人高兴的是，介绍所把各位候选人的内在品质也都分了类，两个门分别介绍了她们的精神修养和道德状态："忠诚、多情、缺乏经验"和"天才，具有高度的智力"。

奥里森确信，他自己的才能已能够应付全家的生活，于是，便迈进了第一个房间。里面，右侧的门上写着"疼爱自己的丈夫"，左侧写的是"需要丈夫随时陪伴她"。当然奥里森需要一个疼爱他的妻子。下面的两个门对奥里森来说是一个极为重要的抉择：上面分别写的是"有遗产，生活富裕，有一幢漂亮的住宅"和"凭工资吃饭"。理所当然地，奥里森选择了前者。奥里森推开了那扇门，天啊……已经上了马路了！那位身穿浅蓝色制服的门卫向奥里森走来。他什么话也没有说，彬彬有礼地递给奥里森一个玫瑰色的信封。奥里森打开信封一看，只见里面有一张纸条，上面写着："您已经'挑花了眼'。"

人不是十全十美的。在提出自己的要求之前，应当客观地认识自己。像奥里森那样渴求人生的完美，不仅对自己的心灵带来沉重负担，也是"不可能完成的任务"。其实人生当有不足才是一种"圆满"，因为不完美才让人们有盼头、有希望。古人常说人生不如意事十之八九，聪明的人应该明白这个道理。

古时候，一户人家有两个儿子。当两兄弟都成年以后，他们的父亲把他们叫到面前说：在群山深处有绝世美玉，你们都成年了，应该做探险家，去寻求那绝世之宝，找不到就不要回来。兄弟俩次日就离家出发去了山中。

大哥是一个注重实际不好高骛远的人。有时候，发现的是一块有残缺的玉，或者是一块成色一般的玉甚至那些奇异的石头，他都统统装进行囊。过了几年，到了他和弟弟约定的会合回家的时间。此时他的行囊已经满满的了，尽管没有父亲所说的绝世完美之玉，但造型各异、成色不等的众多玉石，在他看来也可以令父亲满意了。

后来弟弟来了，两手空空，一无所得。弟弟说，你这些东西都不过是一般的珍宝，不是父亲要我们找的绝世珍品，拿回去父亲也不会满意的。我不回去，父亲说过，找不到绝世珍宝就不能回家，我要继续去更远更险的山中探寻，我一定要找到绝世美玉。哥哥带着自己的那些东西回到了家中。父亲说，你可以开一个玉石馆或一个奇石馆，那些玉石稍一加工，都是稀世之品，那些奇石也是一笔巨大的财富。短短几年，哥哥的玉石馆已经享誉八方，他寻找的玉石中，有一块经过加工成为不可多得的美玉，被国王御用为传国玉玺，哥哥因此也成了倾城之富。在哥哥回来的时候，父亲听了他介绍弟弟探宝的经历后说，你弟弟不会回来了，他是一个不合格的探险家，他如果幸运，能中途所悟，明白至美是不存在的这个道理，是他的福气。如果他不能早悟，便只能以付出一生为代价了。

很多年以后，父亲的生命已经奄奄一息。哥哥对父亲说要派人去寻找弟弟。父亲说，不必去找，如果经过了这么长的时间和挫折都不能顿悟，这样的人即便回来又能做成什么事情呢？

世间没有纯美的玉，没有完美的人，没有绝对的事物，为追求这种东西而耗费生命的人，是多么的不值！人也是如此，智者再优秀也有缺点，愚者再愚蠢也有优点。对人多做正面评估，不以放大镜去看缺点，生活中对己宽、对人严的做法，必遭别人唾弃。避免以完美主义的眼光，去观察每一个人，以宽容之心包容其缺点。责难之心少有，宽容之心多些。没有遗憾的过去无法链接人生。对于每个人来讲，不完美是客观存在的，无须苛求，怨天尤人。

苛求完美，生活会和你过不去

"金无足赤，人无完人。"即使是全世界最出色的足球选手，10次传球，也有4次失误；最棒的股票投资专家，也有马失前蹄的时候。我们每个人都不是完人，都有可能存在这样或那样的过失，谁能保证自己的一生不犯错误呢？也许只是程度不同罢了。如果你不断追求完美，对自己做错或没有达到完美标准的事深深自责，那么一辈子都会背着罪恶感生活。

过分苛求完美的人常常伴随着莫大的焦虑、沮丧和压抑。事情刚开始，他们就担心失败，生怕干得不够漂亮而不安，这就妨碍了他们全力以赴地去取得成功。而一旦遭遇失败，他们就会异常灰心，想尽快从失败的境遇中逃离。他们没有从失败中获取任何教训，而只是想方设法让自己避免尴尬的场面。

很显然，背负着如此沉重的精神包袱，不用说在事业上谋求成功，在自尊心、家庭问题、人际关系等方面，也不可能取得满意的效果。他们抱着一种不正确和不合逻辑的态度对待生活和工作，他们永远无法让自己感到满足。

张爱玲在她的小说《红玫瑰与白玫瑰》中写了男主角佟振保的

爱恋，同时一针见血地道破了男人的心理以及完美之梦的破灭：白玫瑰有如圣洁的恋人，红玫瑰则是热烈的情人。娶了白玫瑰，久而久之，变成了胸口的一粒白米饭，而红玫瑰则有如胸口的朱砂痣；娶了红玫瑰，年复一年，则变成蚊帐上的一抹蚊子血，而白玫瑰则仿佛是床前明月光。

事实上，世界上根本就没有真正的"最大、最美"，人们要学会不对自己、他人苛求完美，对自己宽容一些，否则会浪费掉许许多多的时间和精力，最终只能在光阴蹉跎中悔恨。

世界并不完美，人生当有不足。对于每个人来讲，不完美的生活是客观存在的，无须怨天尤人。不要再继续偏执了，给自己的心留一条退路，不要因为不完美而恨自己，不要因为自己的一时之错而埋怨自己。看看身边的朋友，他们没有一个是十全十美的。

完美往往只会成为人生的负担，人绷紧了完美的弦，它却可能发不出优美的声音来。那些爱自己、宽容自己的人，才是生活中真正的智者。

包容不完美，才有完美的心境

真正幸福的人生，难以圆满。"喜欢月圆的明亮，就要接受它有黑暗与不圆满的时候；喜欢水果的甜美，也要容许它通过苦涩成长的过程"，人生总是"一半一半"，在人生的乐、成、得、生中，包容不完美，才是真正完整的幸福。

"岂无平生志，拘牵不自由。一朝归渭上，泛如不系舟。"白居易曾在《适意》中这样表达自己对自由生命的向往之情。自古以来，失意的文人墨客常常寄情于山水之间，希望能在游玩嬉戏的清逸洒脱中陶冶性情，驱除烦恼。闲来寄情山水，春鸟林间，秋蝉叶底，淙淙流水过竹林；四山如屏，烟霞无重数，荒径飞花桥自横。这般景象之中，也有叶的坠落，花的凋零，置身其中却能拥有完美的心境。

很多人都执着于追求完美的人生，凡事要求完美固然很好，以示精益求精，更上一层楼，星云大师却不断地给世人以警醒：有的人因小小的缺陷而全盘否定人生的意义，有的人因为小小的遗憾而将手中的幸福全部放弃，这样追求完美，有时反而因噎废食，流于吹毛求疵，不管于自己还是于他人，都是一种不必要的辛苦。

人生，永远都是缺憾的。佛学里把这个世界叫作"婆娑世界"，翻译过来便是能容忍许多缺陷的世界。这个世界本来就是有缺憾的，如果没有缺憾就不能称其为"人世间"。在这个缺憾的世间，便有了缺憾的人生。因此苏东坡词曰："人有悲欢离合，月有阴晴圆缺，此事古难全……"这是人生的实相所在。

人生实相，就如一只飘摇的生命之舟，无所牵系，却有各种承载。小船向前行进的时候，苦与乐、爱与恨、善与恶、得与失、成功与失败、聪明与愚钝……纷纷从两侧上船，它们都是生命的必然伴侣。

如此看来，生命是有缺陷的，我们不能只接受幸福的垂青，却把不和谐的因素完全屏蔽。

面对人生缺憾，星云大师主张该留有余地，他认为尽善尽美并不是绝对好，这与清人李密庵主张所谓"半"的人生哲学一样，都在告诫世人不要过度追求圆满。日本有一派禅宗书道在挥毫泼墨时总留下几处败笔，都是意在暗示人生没有百分之百的圆满完美。更有日本东照宫的设计者因为自觉太完美，恐怕会遭天谴，故意把其中一棍梁柱的雕花颠倒。

"我走过阳关大道，也走过独木小桥。路旁有深山大泽，也有平坡宜人；有杏花春雨，也有塞北秋风；有山重水复，也有柳暗花明；有迷途知返，也有绝处逢生。"这是已逝的国学大师季羡林对自己人生的总结，他坦承自己的人生并不完美，但正是这种不圆满才是真正的人生。

在每个人心里都有追求完美的冲动，当他对现实世界的残酷体会得越深时，对完美的追求就会越强烈。这种强烈的追求会使人充满理想，但追求一旦破灭，也会使人充满绝望。这个世界上没有任何一种事物是十全十美的，或多或少总有瑕疵，我们只能尽最大的努力使之更加美好，却永远不可能做到完美。所以，一个智者应该明白这个道理：凡事切勿苛求，与其追求那如镜花水月一般不可触及的完美，不如勤恳务实，才会活得更加快乐。

其实，人生也正是因为有所缺失才会有所获得，就如同一个残缺的木桶，虽然每次担水回家之后你都无法获得一整桶的水，但是某一天，当你再次从这条路上经过时，也许会发现路旁各色的小花，嗅到淡淡的花香。一天、一月、一年，从残缺的木桶中滴落的泉水浇灌了路旁的草籽花粒，它们便在这残缺的遗憾中破土而出，带给人意外的美丽惊喜。

从容地接受人生中的变故

生活不是一帆风顺的，总有一些波折和惊险，也许今天让你拥有所有，明天又会让你一无所有。人生活在这个世上，或者遇到困难，或者遇到挫折，或者遇到变故，或者遇到不顺心的人和事，这些都是正常现象。然而，有的人遇到这些现象时，或心烦意乱，或痛苦不堪，或萎靡消沉，或悲观失望，甚至失去面对生活的勇气。

不可否认，当这些现象出现时，会影响人的思维判断，会刺激人的言行举止，会打击人面对生活的勇气。比如，当你在工作中受到了上司的批评后，你会情绪低落；当你在生活中遇到别人误会你时，你会感到气愤和委屈；当你失去亲人朋友时，你会悲痛至极；当你在仕途中遇到不顺时，你会怨天尤人。

这些表现也都很正常，因为人是会思维的高级感情动物，这也是区别于一切低级动物的根本。但这些表现不能过而极之，否则你会活得很累、很不开心、很不幸福。

人在生活中，要学会用阳光般的心态面对生活。所谓阳光心态，就是一种积极的、向上的、宽容的、开朗的健康心理状态。因为，它会让你开心、催你前进，它会让你忘掉劳累和忧虑；

当你遇到困难时，它会给予你克服重重困难的勇气，它会让你相信"方法总比困难多"，让你去检验"世上无难事，只要肯登攀"的道理；

当你遇到不顺时，它会让你的头脑更加理性，让你不是悲观失望、而是不断地反思自己的做事方法、做人原则，让你有则改之，无则加勉；

当你遇到委屈时，它会给你安慰，给你容人之度，让你的心胸像大海一样宽阔，志向像天空一样高远；

当你遇到变故时，它会让你化悲痛为力量，让你感受到自然规律不可违，顺其自然则是福的真谛；

它会让你的眼光更加深邃，洞察社会的能力更加敏锐，对待生活的态度更加自然，面对人生的道路更加自信。

任何人对未来都会有所期待，所以每个人对生活自然也都会有所选择，既然有了选择，就要勇于为自己的选择承担一切责任。谁都希望一生有所作为并能有所成就，成就感是激励人生全力奔赴美好未来的照明灯，点亮这盏照明灯的能源就是自己付出的心血和汗水。但一时落败是不是就意味着没有作为没有成就了呢？未必，从中总结到的经验教训就是为了有所作为取得的最大成就，它同样能发出异常明亮的光辉照亮前行的道路。

所以，面对坎坷时无须烦恼，该来的总会来，再黑的夜晚也会有黎明到来的那一刻。不管生活多么曲折，只要拥有积极乐观的心态就能挺过冰冷的长夜，迎来美好的明天。

接纳所有的不幸，期盼生活的彩虹

平心而论，谁也不希望自己的生命经常忍受磨炼——折磨式的历练，哪怕真的是因此可以增加人生的美丽，也不会有人说："啊，我多么喜欢折磨式的历练呀。"人总是向往平坦和安然的。然而，不幸的是，折磨对生命之袭来，并不以人的主观愿望为转移，无论人们喜欢与否，它只管我行我素，甚至有时还要强加于人，谁奈它何？

既然不幸是无法逃脱的，那么人们为什么不让自己振作起来去迎接这挑战呢？为什么不能把它变作某种养分去滋润自己的美丽呢？人们回避磨炼，是因为不想忍受它，当回避不了时，人们又说，磨炼原来是可以美丽人生的。既然这样，我们就主动迎战吧。

　　遇到一件事，如果你从乐观的方面去想，你就会有一种积极的心态，结果通常也会是好的；如果从悲观的方面去想，你的心态就会变得很消极，结果通常也是糟糕的。

　　生命因接纳不幸而美丽，关键在于人对磨炼认识的角度和深度。应该说，磨炼本身就具有美丽人生的功能，假若由于认识上的原因，反让磨炼把自己丑化了，这就有点雪上加霜的味道了，除了磨炼的起因之外，谁也不能怪。所以也并非说谁的生命都会因磨炼而美丽，人生丑陋者也大有人在。

　　生命因接纳不幸而美丽，不仅仅因为生命需要在磨炼中成长，主要在于磨炼对生命的不可回避性。人群之中，物欲横流，而且方向和力度又不尽相同，谁料得到何时何地就会滋生出一种针对自己的折磨来呢？料不到又必须随，随又不想使自己一蹶不振地消沉，这样经过努力，使其转化为对自己有用的能量，就成为人之不选之选。这时候的磨炼对生命来说，已变作美丽的阶梯，虽然阶梯的旁边充满荆棘，但在阶梯尽处充满鲜花，坦然走过荆棘，就必然会置身于另外一重天地。

　　生命因接纳不幸而美丽，还在于它使人生收获了用金钱也买不到的某种负面阅历。人生阅历以正面的居多，人生教诲以善良的居多，这些东西都构不成对人生的考验，唯有折磨具备这种恶质。常言说"猪圈难养千里马，花盆难栽万年松"，为什么会是这样的呢？

就是因为其缺乏考验的机会。不光如此，生活中的其他事情也一样，凡没有接受过考验者，就很难断言它是否完整和美丽。而这种考验，又不是谁有计划地出的考题，它不期然而然地就横亘在了人的面前，使人猝不及防。由于它的这种突发性质，使它对于人的考验意味就足得很。经此一番挣扎磨炼，人没有颓废，反而更加精神了，这样的生命不走向美丽还走向哪里呢？

第十章

浑水才能养鱼，人生难得糊涂

糊涂的人因"傻"得福

人生在世，即使什么也学不会，也得学会吃亏。只要学会吃亏，你就会烦恼不上身、遇事游刃有余、心底坦坦荡荡、吃饭有滋有味了。这种神仙般的滋味，是爱占小便宜的人根本体会不到的。

因此，遇事吃点亏、让一步，不是傻瓜而是英雄，因为他用静心的智慧躲避了身后不可想象的事情发生。

在电影《阿甘正传》中，主人公阿甘在人们的眼中一度像个白痴，但是他干出了伟大的事业。阿甘出生在美国南部的阿拉巴马州的绿茵堡镇，由于父亲早逝，他的母亲独自将他抚养长大。

阿甘不是一个聪明的孩子，小的时候受尽欺侮，他的母亲为了鼓励他，常常这样说："人生就像一盒巧克力，你永远也不知道接下来的一颗会是什么味道。"他牢牢地记着这句话。在社会中，阿甘是弱者，他几乎没有能力掌控自己的生活。于是，他选择命运为他做出安排。

阿甘的智商只有75，但凭借跑步的天赋，他顺利地完成大学学业并参了军。在军营里，他结识了"捕虾迷"布巴和神经兮兮的丹·泰勒中尉，随后他们一起开赴越南战场。战斗中，阿甘的小分队遭到了伏击，他冲进枪林弹雨里搭救战友，丹·泰勒中尉命令他乖乖地待在原地等待援军，他说："不，布巴是我的朋友，我必须要找到他！"虽然他没能最终挽救布巴的生命，但至少，布巴走时并不孤单。

战后，阿甘决定去买一艘捕虾船，因为他曾答应布巴要做他的捕虾船的大副。当他把这个想法告诉丹·泰勒中尉时，丹·泰勒中尉笑话他："如果你去捕虾，那我就是太空人了！"可阿甘说，承诺就是承诺。终于有一天，阿甘成了船长，丹·泰勒中尉当了他的大副。

阿甘和女孩珍妮青梅竹马，可珍妮有自己的梦想，不愿平淡地度过一生。于是，珍妮让阿甘离自己远远的，不要再来找她，可阿甘依旧会在越南每天给珍妮写信，依旧会跳进大水池里和珍妮拥抱。珍妮说："阿甘，你不懂爱情是什么。"阿甘说："不，虽然我不聪明，但我知道什么是爱。"珍妮一次又一次地离开，但阿甘从未放弃过她。最终，有情人终成眷属。

阿甘的成功，从某种意义上说，拜赐于他的傻和宽广的胸怀。阿甘总是那么快乐、那么勇敢，我们以为他不知道自己和别人不同，没想到，原来他一直都承受着因歧视而带来的痛苦，从而不希望他的孩子同自己一样。原来他不是不知道，只是装糊涂，不去与他人计较。

阿甘是真正的聪明人，因为聪明的人都善于谦让，敢于吃亏。比如单位里分东西不够时，自己就主动少要些，一些荣誉称号多让给将退休的老同事，等等。

话虽如此，但能够主动吃亏的人实在太少，这不仅因为人性的弱点，更是因为大多数人缺乏长远的眼光，不肯舍得眼前小利而换来内心的安宁。但是如果你能够跳出这个思维的窠臼，吃点小亏，那么等待你的多半是大便宜。

恰到好处，才是最好

量变引发质变，有时候，把一件事情做到极致，反而未必能得到想要的效果，凡事太过钻牛角尖，有可能把自己逼入死胡同。

IMG 公司有一位精力旺盛的女业务代表，负责在高尔夫球及网球场上的新人当中发掘明日之星。美国西海岸有位年轻的网球选手，特别受她重视，她决定邀请对方加盟她的公司。

从此，纵使每天在纽约的办公室忙上 12 个小时，她依然不忘时时打电话到加州，关心这位选手受训的情况。这个网球选手到欧洲比赛时，她也会趁着出差之便，抽空去探望，为他打理一切。有好几次，她居然连续一周都未合眼，忙着飞来飞去，追踪这个选手的进步状况。

一次，那位年轻的选手参加法国公开赛。按原定日程，这位女业务代表不需要出席这项比赛，但是为了保持与那位年轻选手的关系，她努力去说服她的主管。主管勉强答应，但条件是，她得在出发前把一些紧急公务处理完毕。结果她又是几个晚上没合眼。

抵达巴黎的当日，在一个为选手、新闻界与特别来宾举行的晚宴上，她依旧盯着那位美国选手，并且像个称职的女主人，时时为他引见一些要人。当时正是瑞典网球名将柏格独领风骚的年代，他刚好是 IMG 公司的客户，又是那名年轻选手的偶像，很自然地她便介绍他俩认识。柏格当时正在房间一角与一些欧洲体育记者闲聊，这时，她与那个年轻的选手迎上前去。当对方望向这边时，她说："柏格，请容我介绍这位……"天哪！她居然忘记了自己最得意的这位球员的姓名！

后来，那位年轻选手成了世界名将，但他与 IMG 公司再也没有关系。

这位女业务代表的确令人钦佩，如果运气好，碰上一个懂事的小伙子，她的失误也不是什么大的失误，因为在那种情况下，只要小伙子自我介绍一下就没什么问题了，不计较，同样也没有什么事。但她这样不顾一切地认真工作，对服务对象过于关注，则总会造成这样或那样的错误。

在现实生活中，许多人往往不能控制自己的情绪，想"糊涂"却难"糊涂"，有时候过分认真、专注于一件事情，并且遇到不顺心的事，要么"借酒消愁"，要么"以牙还牙"，更有甚者，因想不开而轻生厌世，这都是错误的做法。

那么，怎样才能在该糊涂的时候做到糊涂呢？

首先，要学会理智处事，沉不住气时反复提醒自己要以理智的心态来控制自己的感情。

其次，要学会苦中求乐，善于在生活中寻找乐趣，多参加一些自己感兴趣的活动，把生活安排得丰富多彩，让自己活得有滋有味。

再次，要学会广交朋友，遇到挫折，不妨找知心朋友谈谈心。

最后，要学会巧妙地应付各种复杂多变的环境，以保持心理平衡，维护身心健康。

人生在世，能做到精益求精固然很好，但过分专注难免顾此失彼。世界那么大，我们那么小，过分苛责自己实在没必要，累的时候试着"糊弄"自己吧，感到舒服的时候就停在这里。我们都知道，恰到好处，才是最好。

外圆内方的处世智慧

方为做人之本，圆为处世之道。

"方"，方方正正，有棱有角，指一个人做人做事有自己的主张和原则，不被人左右。"圆"，圆融老成，指一个人做人做事讲究技巧，既不超人前也不落人后，或者该前则前，该后则后，能够认清时务，使自己进退自如，游刃有余。

一个人如果过于方方正正、有棱有角，必将碰得头破血流；但是一个人如果八面玲珑、圆滑透顶，总是想让别人吃亏、自己占便宜，也必将众叛亲离。因此，做人必须方外有圆、圆外有方、外圆内方。

外圆内方的人，有忍的精神、有让的胸怀、有貌似糊涂的智慧、有形如疯傻的清醒、有脸上挂着笑的哭、有表面看是错的对……

"方"是做人之本，是堂堂正正做人的脊梁。人仅仅依靠"方"是不够的，还需要有"圆"的包裹，无论是在商界、官场，还是交友、爱情、谋职，等等，都需要掌握"方圆"的技巧，这样才能无往而不利。

"圆"是处世之道，是妥妥当当处世的锦囊。现实生活中，有在学校成绩一流的，进入社会却成了打工的；在学校成绩二流的，进入社会却当了老板的。为什么呢？就是因为成绩一流的同学过分专心于专业知识，却忽略了做人的"圆"；而成绩二流甚至三流的同学却在与人交往中掌握了处世的原则。正如卡耐基所说："一个人的成功只有15%是依靠专业技术，而85%却要依靠人际关系、有效说话等软科学本领。"

真正的"方圆"之人是大智慧与大容忍的结合体，有勇猛斗士的武力和沉静蕴慧的平和。真正的"方圆"之人能对大喜悦与大悲哀泰然不惊。真正的"方圆"之人，行动时干练、迅速，不为感情所左右；退避时能审时度势，全身而退，而且能抓住最佳机会东山再起。真正的"方圆"之人，没有失败，只有沉默，是面对挫折与逆境的积蓄力量的沉默。

在强大的对手高压下，在面临危机的时候，采取藏巧于拙、装糊涂的办法，往往可以避灾逃祸，转危为安。面临险境或遇到突发事件时装傻卖呆，这比临危不惧和视死如归的壮烈要安全得多。留得青山在，不怕没柴烧，以拙诚与对手周旋，确实不失为一种高明之术。

这种外圆内方的做法，在历史上就已有之。《三国演义》中有一段"曹操煮酒论英雄"的事情。

当时刘备落难投靠曹操，曹操很真诚地接待了刘备。刘备住在许都，在衣带诏签名后，也防曹操谋害，就在后园种菜，亲自浇灌，以此迷惑曹操，放松对自己的注视。一日，曹操约刘备入府饮酒，谈起以龙状人，议起谁为世之英雄。刘备点遍袁术、袁绍、刘表、孙策、张绣、张鲁，均被曹操一一贬低。曹操指出英雄的标准——"胸怀大志，腹有良谋，有包藏宇宙之机，吞吐天地之志"。刘备问"谁人当之"，曹操说："天下英雄唯使君与我。"刘备本以韬晦之计栖身许都，被曹操点破是英雄后，竟吓得把匙箸丢落在地下，恰好当时大雨将至，雷声大作。曹操问刘备："为什么把筷子弄掉了？"刘备从容俯拾匙箸，并说："一震之威，乃至于此。"曹操说："雷乃天地阴阳击搏之声，何为惊怕？"刘备说："我从小害怕雷声，一听见雷声只恨无处躲藏。"自此曹操认为刘备胸无大志，必不能成气候，也就未把他放在心上，刘备才巧妙地将自己的慌乱掩饰过去，从而也避免了一场劫难。

刘备在煮酒论英雄的对答中是非常聪明的，他用的就是方圆之术，在曹操的哈哈大笑之中，才免去了曹操对他的怀疑和嫉妒，从而最后如愿以偿地逃脱虎狼之地。至于三国后期的司马懿，更是个外圆内方的高手，他佯装快要死的人，瞒过了大将军曹爽，达到了保护自己、等待时机的目的，最后实现了自己的抱负，统一了天下。这正是"鹰立似睡，虎行似病"。

总之，人生在世只要运用"方圆"之理，必能达到心灵与外物的平衡。无论是趋进，还是退止，都能泰然自若，不为世人的眼光和评论所左右。

形醉而神不醉，外愚而内不愚

若愚者，即似愚也，而非愚也。所以"若愚"只是一种表象、一种策略，而不是真正的愚笨。在"若愚"的背后，隐含的是真正的大智慧、大聪明、大学问。真正具有大智慧、大聪明的人往往给人的印象总是有点愚钝，所以中国才有了"大智若愚"这个带有很深哲理意义的成语。

糊涂与清醒是糊涂一些好呢还是清醒一些好呢？一般的答案一定是后者。可糊涂学却提倡前者。

当然，如果一个人内心本来很清楚，却让他在表面上装糊涂，这确实是件很困难的事，非有大智慧者不容易办到。而做到了这一点，就是所谓的"清楚之糊涂"了。

"大智若愚"不是故意装疯卖傻，不是故意装腔作势，也不是故作浅显，故作玄虚，而是待人处世的一种方式、一种态度，即遇乱不惧、受宠不惊、受辱不躁、含而不露、隐而不显，看透而不说透，凡事心里都一清二楚，而表面上却显得不知、不懂、不明、不晰。

三国时期的司马懿，本来是个老谋深算、聪明绝顶的人，却总喜欢装糊涂。当年他在五丈原，凭借一套大智若愚、软磨硬泡的功夫，终于拖垮了老对手诸葛亮，居功至伟，在国内也权倾一时。正因为功高震主，少不得引来同僚的妒忌和朝廷的猜疑。这种情况下，司马懿干脆装起糊涂来，以病重为由长期在家休假，给人制造一种他行将就木的假象。但他的政敌们还是不放心，派了一个人以慰问病情为由刺探司马懿的虚实。司马懿干脆将计就计、顺水推舟，真的装出一副日薄西山、气息奄奄、病入膏肓的样子。在司马懿的策划下，来人果然被蒙骗了过去，回去就说司马懿病势沉重，将不久于人世，于是司马懿的政敌们终于放松了警惕，就在这个时候，司马懿暗中培植羽翼、广罗亲信，神不知鬼不觉地布置自己的两个儿子抓住了京师禁军大权。后来瞅准了一个时机，发动了"高平陵之变"，几乎将曹家的势力一网打尽。至此，魏国军政大权尽数落在司马氏手中。

你看，一个人充分运用糊涂学的技巧，会有很多意想不到的收获，也不失为保全自己的手段。细数古今中外，无论是政治、军事、外交、管理，其实都用得着"清楚之糊涂"的招数。所以对聪明人来说，正确的态度应该是什么呢？那就是"该清楚时就清楚，偶尔也要装糊涂"。内心本来是"清清楚楚"的，却为了因应实际的需要，在外人面前表现出"含含糊糊"的姿态，也许这更加有助于达到"圆通"的境界，这也是一种出色的人生智慧。

睁一只眼闭一只眼

将"糊涂学"活学活用到生活中，也就是"睁一只眼闭一只眼"，成语叫作视而不见。对有些事情，你好像已经看见了，好像又没有看见。比如对于上司的某些丑陋，你看得明听得清，但你就是摆出一点儿也不知道的样子，故意让自己蒙在鼓里。倘若你说自己知道了，那你就是聪明过头了。

很久以前，土豆还不是世界各地都有种植的植物。法国有位聪明而又热心的农学家，有一次在德国吃了一次土豆，就很想在自己的国家里推广种植这种作物，他的热心宣传却得不到回报，没人相信他的话。当时法国的医生甚至认为土豆有害于人的健康，有的农学家断言种植土豆会使土地变得贫瘠，宗教界称土豆为"鬼苹果"。聪明的人是不会轻易放弃的，这位一心推广土豆种植的农学家，终于想出了一个新点子。在国王的许可下，他在一块出了名的低产田里栽培了土豆，由一支身穿仪仗队服装的国王卫兵看守，并声称不允许任何人接近它、挖掘它。但这些士兵只在白天看守，晚上全部撤走。人们由于好奇，晚上都来挖土豆，并把它栽到自己的菜园里。这样，没过多久土豆便在法国推广开了。

这个推广方法的成功，就得益于智慧和心理的巧妙结合。如果直接向人们推广说土豆好，人们是不会接受的，如果由国王种植，又有卫兵看守，暗示的情境意义即：这是贵重物品。由此诱发了人们占有的欲望，再加上栽种后的亲自品尝与体验，确信有益无害，就会完全接受这种作物。这里交际情境的魅力，就在于利用了人们的好奇心理，睁一眼，闭一眼，创造了一个让人们接触土豆的契机，所以产生了预期的目的。

生活中也是这样。俗话说得好：人无完人。每个人都有自己的缺点和不足，在人与人的交往中，如果我们总是睁大眼睛，就像显微镜似的观察、计较别人的缺点和不足，那么，我们永远不会满意对方，我们会嫌弃、厌恶别人，就处理不好与同学、同事、朋友、亲人、爱人的关系，会破坏起码的团结，会失去朋友甚至失去亲人和爱人。如果我们闭上一只眼睛，以一份宽容的心看待别人的缺点和不足，给别人一份信心，给自己一份轻松，生活就变得可爱多了。

在生活中，糊涂不等于马虎，糊涂是一门学问，包含着物极必反的深奥道理，属于清醒的最高级别，需要倾注大量的文化情愫进行长年累月的修炼之后才能自然流露。

会吃亏是比金钱更值得珍视的财富

日常生活中有很多人、很多时候因不吃小亏，反而吃了看不见的大亏，正所谓"捡了芝麻，丢了西瓜"。其实，如果想顺利解决这些小事情，办法只有一个，以"吃点小亏"当作自己做人的原则，凡事多谦让就万事大吉了。

吃亏是福关键在于心，在于不计较得失。生活中，懂得吃亏的人才是真正的智者。对于生活中由于争端而吃点亏，最好的做法是"大事化小，小事化了"。因为每个人都会有不顺心的时候，但你能在这个时候尽量忍让，不惹事端，多考虑对方的感受，多感谢他们平时对自己的帮助和支持，这才有助于以后工作的发展。

有一个年轻人，在他28岁那年就被选为银行总裁一日，他与股东会议主席（也就是前任总裁）谈话，他说："如您所指，我才被指定担当总裁职务，这真是一个艰巨的任务。我希望您能根据自己多年的经验给我一些建议。"年长的前任总裁看着坐在自己面前的新总裁，很快以6个字作为回答："做正确的决定。"年轻的总裁期望得到更进一步的回答，他说："您的建议很有帮助，我非常感激。但是您能否说详细一点儿？我真的很需要您的帮助以做正确的决定。"这个充满智慧的老人回答："经验。"新总裁又问："没错，那正是我今天出现在这里的原因。我不具有我所需要的经验，我该如何获得这些宝贵的经验呢?"老人笑着以简洁的语气回答:"错误的决定。"

亡羊补牢，未为晚矣，谁都有疏忽大意的时候，谁都有这样那样的缺点和错误，第一次吃亏并不可怕，关键是我们要面对错误，吸取教训，找出吃亏的原因，这才是我们以后取得成功的最有力的保障和工具。

工作中，有些责任分得不是很清，谁多做? 谁少做? 如果大家都想占便宜，那肯定有许多事情就没有人去做，这样的结果是你们这个集体的名誉受到影响，真所谓占小便宜吃大亏，如果大家都不怕吃亏，有什么事情都抢着做，也许这次你吃亏了，也许下次他吃亏了，但是，工作都完成了，集体荣誉有了，大家感情融洽了，工作氛围好了，相比下来，虽然吃点小亏，还是收获了"福"。

朋友相处也是这样，如果都想着占别人的便宜，也许你会得逞一两次，可是时间久了，谁还会相信你这个朋友? 虽然"为朋友两肋插刀"是常人难以达到的境界，但因为偶尔的吃亏，得到一辈子的好友，这难道不是福吗?

对待家人也是如此，亲人心甘情愿地吃亏，做子女的也不能理所当然地占这个便宜，要体会亲人的一份真情，同时，你要能为家人吃亏，大家都退让三分，还会有什么家庭矛盾，这难道不也是福吗?

不是聪明得太快，而是糊涂得太迟

生活中往往有许多意想不到的事情，如果事事认真求全，往往会在心里产生少许挫折感，倒是折中一下比较好。折中能促成完满的人际氛围，圆满地化解各种矛盾。

晚清名臣张之洞曾就任山西巡抚，即将启程时，有一个山西籍富商，泰裕票号的孔上司，表示要送1万两银子给他。他对张之洞说，他深知张之洞为官清廉，手头并不宽裕，出于对张之洞的敬慕，他送"一点薄礼"是为张之洞解决些差旅费。

张之洞当时婉言谢绝了孔上司的好意。可是当他来到山西，考察了当地的情况之后，深为山西罂粟的种植之多而震撼，他决心铲除山西的罂粟，让百姓重新种植庄稼。而改种庄稼，需要帮助百姓买耕牛、买粮种，但山西连年干旱、歉收，加上贪官污吏的中饱私囊，拿不出救济款发放给老百姓。他深感世事多艰，有时太坚持原则会把人难死，他决定向商号上司募捐。这时，他第一个想到的就是孔上司。

他想，孔上司很有实力，他拿银子贿赂自己，无非是为了日后得到关照。如果说服孔上司把银子捐出来，为山西的百姓做善事，以银子换美名，他或许会同意。

经过商谈，孔上司终于表示愿意拿出5万两银子，但前提是满足他的两个愿望，一是请张之洞在他票号大门口的匾上题写"天下第一诚信票号"8个字；第二个愿望是张之洞为他弄个"候补道台"的官衔。

刚开始张之洞觉得孔上司的这两个条件都不能答应，因为自己连泰裕票号诚信不诚信都不知道，又怎么能说它是"天下第一诚信票号"呢？第二，他向来讨厌捐官，认为捐官是一桩扰乱吏治的大坏事，自己厌恶的事自己怎么能做?! 这个孔上司也太过分了，仗着有几个钱居然伸手要做道台！人家千千万万读书郎，数十年寒窗苦读，到死说不定还得不到正四品的顶子呢！可是不答应他，又到哪里去弄5万两银子呢？没有这5万两银子，就没有五六千户人家的种子、耕牛，他们地里长的罂粟就不会被铲除，禁烟在这些地方就成了空话。

　　5万两银子毕竟不是个小数目，这对张之洞的诱惑太大了。经过反复思考，张之洞决定采用折中迂回的手段，答应为孔上司的票号题写"天下第一诚信"6个字，这跟孔上司所要求的那8个字相比，不仅仅少了"票号"两个字，而意思上也有了很大的不同，因为"天下第一诚信"这六个字意味着：天下第一等重要的是"诚信"二字，并不一定是说他们泰裕票号的诚信就是天下第一。

　　至于他的第二个要求，张之洞反反复复想了很久，最后给自己找了这样一个台阶：一来，捐官的风气由来已久，不足为怪；二来，即使孔上司做了道台，他依旧要做他的票号生意，并不会等着去补缺，也就不会去抢别人的位置，所以对孔上司来说不过是得了个空名而已。再者，按朝廷规定，捐4万两银子便可得候补道台，孔上司要捐5万，已经超过了规定的数目，给他个道台的虚名，于情于理都不为过。为了5万两救民解困的银子，张之洞终于"说服"了自己，而孔上司最后也答应了张之洞的折中方案。

把事情办得周全，让各方人都舒服，才叫高明。张之洞做出这种折中的方案也有些无奈，但世事多艰，有几件事可以简单、顺利地办理呢？张之洞采取迂回的方式，借孔上司的钱改善民生，而孔上司也得到了名，并不违背大的原则，也无可厚非。

人们常称赞一举两得、两全其美的举措，是因为这些举措排除了触及各种人际关系后所产生的负面效果，直接达到了预期的目标。有人询问一位办事高手："如何才能办好每件事？"高手答道："也没有什么特别的，只是折中罢了。"这"折中"二字可使我们在生活中受益良多。

在很多场合，很多人是不肯装糊涂的，并能拍着胸膛理直气壮地叫嚷："我眼里揉不得沙子。"不肯放过每一个可以显示自己聪明的机会，张口就是应该怎样怎样，不应该怎样怎样，遇事总是喜欢先用一种标准来判断一下对与错，却总是费力不讨好，原因就是其不懂得难得糊涂的道理。

记住该记住的，忘掉该忘掉的

两个一起跑步的人，跟在后面的总会显得累些；社会在发展，如果跟不上节奏就会觉得累；想干的事情很多，做过的梦也很多，可是什么也没有做成，于是觉得累；睁开两眼历历在目，闭上双眸又不堪重负，看不到希望和光芒，于是感叹心累了。

心累到底是什么？是无可奈何花落去，是一人为更多的个人自由而付出的沉重代价。不到长城非好汉、对社会地位的渴望等，都会造成自身的不快，于是就有了心累的感觉。

人之所以会心累，就是追求的太多。人生在世，不可能事事如意。有些人常常觉得自己很不幸，其实世界上还有比他们更痛苦的人。人之所以会心累，就是记性太好，该记的、不该记的都会留在记忆里。而我们又时常记住了应该忘掉的事情，忘掉了应该记住的事情。为什么有人说傻瓜可爱、可笑，因为他忘记了人们对他的嘲笑与冷漠、忘记了人世间的恩恩怨怨、忘记了世俗的功名利禄、忘记了这个世界的一切，所以他永远不会心累。

　　感到心累的人，往往修养不够，没有一定的承受能力。硬要把单纯的事情看得很严重，把简单的东西想得太复杂，所以会很痛苦。

　　不快乐的人之所以不快乐，就是计较得太多。看到别人过得幸福，自己就有种失落和压抑感。其实他们只看到了表面现象，或许快乐的人过得并不快乐。人的欲望是无止境的，人人都在追求高品质的生活，人人都想得到自己想要的东西，人人都在为了自己的目标忙碌着、奋斗着，得到了，开心一时；得不到，就痛苦一世。

　　世界上没有完美无缺的东西，不完美其实才是一种美，只有在不断地争取、不断地承受失败与挫折时，才能发现快乐。

　　人之所以不知足，就是有着太多的虚荣心。俗话说，知足者常乐，但又有几个人能达到这样的境界？人不是因为拥有的东西太少，而是想要的东西太多。大千世界有着太多太多的诱惑，我们不可能不动心，不可能不奢望，不可能不幻想。

　　面对着诸多的诱惑，有多少人能把握好自己，又有多少人不会因此而迷失自己？但话又说回来，有了知足心，哪会有上进心？时代在发展，生活在继续，我们需要不断地去努力，如果只满足于现状，一味地沉浸在自己的知足里，那还有什么远大的理想和追求？

人之所以会心累，就是没有知足心。每个人对幸福的感觉和要求都不相同，一个容易满足、懂得知足的人就不会心累。曾经看到这样一句话："幸福就如一座金字塔，是有很多层次的，越往上幸福越少，得到幸福相对就越难；越是在底层越是容易感到幸福，越是从底层跨越的层次多，其幸福感就越强烈。"幸福其实就是一种期盼，一种心灵的感受。

人之所以会心累，就是想得太多。身体累不可怕，可怕的就是心累。心累就会影响心情，会扭曲心灵，会危及健康。其实每个人都有被他人牵累、被自己负累的时候，只不过有些人会及时地调整，而有些人却深陷其中不得其乐。在这个充满竞争的社会里，有太多的难题和烦恼，要活得一点不累也不现实。

所以要学会适应，把手里的东西放下，不必过分在意别人的看法，不要把别人的行为结果当作自己的追求目标。只有这样，才能体验到生活本身的意义与快乐。

难得糊涂是良训，做人不要太较真

怎样做人是一门学问，甚至是一门用毕生精力也未必能勘破个中因果的大学问。多少不甘寂寞的人穷究原委，试图领悟人生真谛，塑造辉煌的人生，然而人生的复杂性使人们不可能在有限的时间里洞明人生的全部内涵，但人们对人生的理解和感悟又总是局限在事件的启迪上。比如，处世不能太较真便是其中一理，这正是有人活得潇洒、有人活得累的原因所在。

做人固然不能玩世不恭、游戏人生，但也不能太较真、认死理。

"水至清则无鱼，人至察则无徒"，太认真了，就会对什么都看不惯，连一个朋友都容不下，把自己同社会隔绝开。镜子很平，但在高倍放大镜下，就成了凹凸不平的山峦；肉眼看很干净的东西，拿到显微镜下，满目都是细菌。试想，如果我们戴着放大镜、显微镜生活，恐怕连饭都不敢吃了；如果用放大镜去看别人的缺点，恐怕那家伙罪不容诛、无可救药了。

与人相处就要互相谅解，经常以"难得糊涂"自勉，求大同存小异，有度量，能容人，你就会有许多朋友，且左右逢源，诸事遂愿；相反，"明察秋毫"，眼里揉不进半粒沙子，过分挑剔，什么鸡毛蒜皮的小事都要论个是非曲直，容不得人，人家也会躲你远远的，最后你只能关起门来"称孤道寡"，成为使人避之唯恐不及的异己之徒。古今中外，凡是能成大事的人都具有一种优秀的品质，就是能容人所不能容，忍人所不能忍，善于求大同存小异，团结大多数人。他们胸怀豁达而不拘小节，大处着眼而不会鼠目寸光，并且从不斤斤计较，纠缠于琐事之中，所以他们才能成大事、立大业，使自己成为不平凡的伟人。

宋朝的范仲淹，是一个有远见卓识的人。他在用人的时候，主要是看人的气节而不计较人的细微不足。范仲淹做元帅的时候，招纳的幕僚，有些是犯了罪被朝廷贬官的，有些是被流放的，这些人被重用后，有的人不理解。范仲淹则认为："有才能没有过错的人，朝廷自然要重用他们。但世界上没有完人，如果有人确实是有用的人才，仅仅因为他的一点小毛病，或是因为做官议论朝政而遭祸，不看其主要方面，不靠一些特殊手段起用他们，他们就成了废人了。"尽管有些人有这样或那样的问题，但范仲淹只看其主流，他所使用的人大多是有用之才。

人非圣贤，孰能无过？有道德修养的人不在于不犯错误，而在于有过能改，不再犯过。所以用人时，用有过之人也是常事，应该看到他的过错只不过是偶然的，他的大方向是好的。《尚书·伊训》中有"与人不求备，检身若不及"的话，是说我们与人相处的时候，不求全责备，检查约束自己的时候，也许还不如别人。要求别人怎么去做的时候，应该先问一下自己能否做到。推己及人，严于律己，宽以待人，才能团结能够团结的人，共同做好工作。一味地苛求，就什么事情也办不好。

郑板桥的一句"难得糊涂"，至今仍被人们奉为聪明的最高境界。其实，人生少一点较真，换来的将是更多的收获。

第十一章

泥泞的路才能留下脚印，笑对人生坎坷

苦难是上天赐予的财富

　　人的一生中会遇到各种各样的苦难。正如一位智者所言："没有苦难的人生不是真正的人生。"一个人只有经过困境的砥砺，才能焕发生命的光彩。沿着岁月的河道，我们回溯到几千年前的印度，无数先哲们在几千年的雾山上，用瑜伽的朴素方式苦苦修习一种心性和智慧的通透，来印证着生命的不凡，让人心中读懂了苦难的许多真义。其实，当我们仔细地去品味诸如蚌病生珠、万涓成河、蛹化成蝶的生命故事，心灵会在刹那间被一种战胜苦难的神奇力量击中。

　　巍峨的大树，其挺拔的身姿是在与狂风暴雨搏斗后磨砺出来的；精良的斧头，其锋利的斧刃是在铁匠手中千锤百炼打造出来的。一个不容忽视的现实：顺境中的人往往"苗而不秀，秀而不宝"。那是因为"温室"里的幼苗禁不起风吹雨打。

　　俗话说，火石不经摩擦就不会迸发出火花。同样，人若不遭遇苦难，生命之火就不会有火焰的灿烂。因为苦难并不可怕，它可以培养人的意志，给人信心、毅力和勇气。正如《真心英雄》里唱道，"不经历风雨，怎么见彩虹"。是啊，不曾跌倒的人怎么会知道跌倒的滋味呢，更不知道跌倒了该如何爬起来。对于一个人来说，苦难确实是残酷的，但如果你能充分利用苦难这个机会来磨炼自己，苦难会馈赠给你很多。要知道，勇气和毅力正是在这一次次的跌倒、爬起的过程中增长的。

帕格尼尼，世界超级小提琴家。他是一位在苦难的琴弦下把生命之歌演奏到极致的人。4 岁时得了一场麻疹和强直性昏厥症。7 岁患上严重肺炎，只得大量放血治疗。46 岁因牙床长满脓疮，拔掉了大部分牙齿。其后又染上了可怕的眼疾。50 岁后，关节炎、喉结核、肠道炎等疾病折磨着他的身体与心灵。后来声带也坏了。他仅活到57 岁，就口吐鲜血而亡。

身体的创伤不仅仅是他苦难的全部。他从 13 岁起，就在世界各地过着流浪的生活。他曾一度将自己禁闭，每天疯狂地练琴，几乎忘记了饥饿和死亡。

像这样的一个人，这样一个悲惨的生命，却在琴弦上奏出了最美妙的音符。3 岁学琴，12 岁举办首场个人音乐会。他令无数人陶醉，令无数人疯狂！

乐评家称他是"操琴弓的魔术师"。歌德评价他："在琴弦上展现了火一样的灵魂。"李斯特大喊："天哪，在这四根琴弦中包含着多少苦难、痛苦与受到残害的生灵啊！"苦难净化心灵，悲剧使人崇高。也许上帝成就天才的方式，就是让他在苦难这所大学中进修。

苦难，在这些不屈的人面前，会化为一种礼物，一种人格上的成熟与伟岸，一种意志上的顽强和坚韧，一种对人生和生活的深刻认识。

苦难本是生命旅途中一道不可不观的风景。苦难是竖在现实和未来之间的一扇纸糊的门，你只要敢于捅破，前方便一路坦途。苦难是蹲在成功门前的看门犬，怯弱的人逃得越急，它便追你越紧；苦难是火焰熊熊的炼狱，灵魂在苦难中涅槃，就会显露出金子般的成色……四季轮回，既然有春天的葱茏，也就有秋天的落叶，既然有夏天的热烈，也就有冬天的风雪。我们没有理由不接受苦难，没有理由不善待苦难。世上没有不弯的路，人间没有不谢的花。苦难宛如天边的雨，说来就来，你无法逃避，无法退却；苦难又似横亘的山，赶也赶不跑，你只有跨越，只有征服。生命中所有的艰难险阻都是通向人生驿站的铺路石。

　　你还在郁闷金融危机下的工作不好找吗？你还在埋怨城区的房租太昂贵吗？你还在厌烦现在的生活压力大吗？你还在苦恼目前的日子过得艰苦吗？学会接受这些宝贵的"苦难"，并努力去改变吧，只有当你克服了这些困难，你才真正学会成长。

以游戏之心看待挫折

　　我们从小就学会了做游戏，游戏本身，就是在不断战胜挫折与失败中获取一种刺激与欢乐。假如没有挫折与失败，再好的游戏也会索然无味。人生就如一场游戏，我们作为其中的玩家，真的能像对待现实的游戏一样对待它吗？人们玩游戏，是寻找娱乐，是带着挑战的心情去面对游戏中的困难与挫折的，面对强大的对手，不断地损伤受挫，但越是如此，越会兴头十足。试想，倘若人们在生活中，也有这么一种积极向上的游戏心态，那么失败后，就不会显得那般沉重和压抑。既然如此，我们为何不将挫折变成一种游戏呢？那样便会让痛苦沮丧的心情超然快活起来。二者其实并无差别，只是人们在游戏中身心放松，而在生活中过于紧张。

　　每个人的路都不一样，但命运对每个人都是公平的，有得必有失，就看你能不能往好处想。

　　一个病入膏肓的妇人，整天想象死亡的恐怖，心情坏到了极点。哲学家蓝姆·达斯去安慰她，说："你是不是可以不要花那么多时间去想死，而把这些时间用来考虑如何快乐地度过剩下的时间呢？"

　　他刚对妇人说时，妇人显得十分恼火，但当她看出蓝姆·达斯眼中的真诚时，便慢慢地领悟着他话中的诚意。"说得对，我一直都在想着怎么死，完全忘了该怎么活了。"她略显高兴地说。

　　一个星期之后，那位妇人还是去世了，她在死前对蓝姆·达斯说："这一个星期，我活得比前一阵子幸福多了。"

　　"苦乐无二境，迷悟非两心"，妇人学会了心往好处想，所以在离开人世前仍能感到一丝幸福，相信她死后能进入天堂；如果她仍像以前一样，一味想死，那她只能痛苦地离开人世。

　　心往好处想，不论何时，不论何事。人可以没有名利，没有金钱，但必须拥有美好的心情。

　　一个春光明媚的日子，在阳光普照的公园里，许多小孩正快乐地游戏，其中一个小女孩不知绊到了什么东西，突然摔倒了，并开始哭泣。这时，旁边有一个小男孩立即跑过来，别人都以为这个小男孩会伸手把摔倒的小女孩拉起来或安慰鼓励她站起来。但出乎意料的是，这个小男孩竟在哭泣的小女孩身边故意摔了一跤，同时一边看着小女孩一边笑个不停。泪流满面的小女孩看到这情景，也觉得十分可笑，于是破涕为笑了。

将生活中的挫折和困难视为游戏，不是为了游戏人生，而是为了以积极的心态面对现实，从而克服困难。笑看忧愁，笑看人生，如此而已！

折磨你的人是你的新鲜空气

感激伤害你的人，因为他磨炼了你的心志；感激欺骗你的人，因为他增进了你的见识；感激鞭挞你的人，因为他清除了你的业障；感激压抑你的人，因为他拓展了你的心胸；感激身边的小人，因为他让你学会了生存；感激曾经的男人，因为他让你学会了保护；感激嫉妒你的女人，因为她让你学会了包容；感激爱你的人，因为他让你懂得了什么是爱。感恩的心，感谢有你，感谢所有的好人、坏人，男人、女人、老人、小孩。

有一本书曾经这样写道：人生活在这个世界上，总会经历这样那样的烦心事，这些事总是会折磨人的心，使人不得安稳。尤其对于刚毕业的大学生来说，刚在社会中立足，还未完全成长起来，却要承受这个社会的种种压力，比如待业、失恋、职场压力等的折磨。而且大学生本身又是一个敏感脆弱的群体，往往在这些折磨面前束手无策。

其实，世间的事就是这样，如果你改变不了世界，那就改变你自己吧。换一种眼光去看世界，你会发现所谓的"折磨"其实都是促进你生命成长的"清新氧气"。

人们往往把外界的折磨看作人生中纯粹消极的、应该完全否定的东西。当然，外界的折磨不同于主动的冒险，冒险有一种挑战的快感，而我们忍受折磨总是迫不得已的。但是，人生中的折磨总是完全消极的吗？清代金兰生在《格言联璧》中写道："经一番挫折，长一番见识；容一番横逆，增一番气度。"由此可见，那些挫折和横逆的折磨对人生不但不是消极的，还是一种促进你成长的积极因素。

生命是一次次的蜕变过程。唯有经历各种各样的折磨，才能拓展生命的厚度。只有一次又一次与各种折磨握手，历经反反复复几个回合的较量之后，人生的阅历才会在这个过程中日积月累、不断丰富。

在人生的岔道口，若你选择了一条平坦的大道，你可能会有一个舒适而享乐的青春，但你会失去一个很好的历练机会；若你选择了坎坷的小路，你的青春也许会充满痛苦，但人生的真谛也许就此被你打开了。

蝴蝶的幼虫是在一个洞口极其狭小的茧中度过的。当它的生命要发生质的飞跃时，这天定的狭小通道对它来讲无疑成了鬼门关，那娇嫩的身躯必须竭尽全力才可以破茧而出。许多幼虫在往外冲杀的时候力竭身亡，不幸成了飞翔的悲壮祭品。

有人怀了悲悯恻隐之心，企图将那幼虫的生命通道修得宽阔一些，他们用剪刀把茧的洞口剪大，这样一来，所有受到帮助而见到天日的蝴蝶都不再是真正的精灵——它们无论如何也飞不起来，只能拖着丧失了飞翔功能的双翅在地上笨拙地爬行！原来，那"鬼门关"般的狭小茧洞恰是帮助蝴蝶幼虫两翼成长的关键所在，穿越的时候，通过用力挤压，血液才能被顺利输送到蝶翼的组织中去，唯有两翼充血，蝴蝶才能振翅飞翔。人为地将茧洞剪大，蝴蝶的翼翅就没有了充血的机会，爬出来的蝴蝶便永远与飞翔绝缘。一个人成长的过程恰似蝴蝶的破茧过程，在痛苦的挣扎中，意志得到磨炼，力量得到加强，心智得到提高，生命在痛苦中得到升华。当你从痛苦中走出来时，就会发现，你已经拥有了飞翔的力量。如果没有挫折，也许就会像那些受到"帮助"的蝴蝶一样，萎缩了双翼，平庸过一生。

只有经历过风雨，才能增长经验，你才能离成功更近一步。

泥泞的路才能留下脚印

曾担任联合国秘书长的瑞典政治家哈马舍尔德说："我们无从选择命运的框架，我们放进去的东西却是我们自己的。"人不能选择命运，却可以选择自己生命的道路。你选择艰苦的道路，你的脚印就会印在上面，被人们记住。

泥泞的路才能留下脚印，世上芸芸众生莫不如此。那些一生碌碌无为的人，不经风不沐雨，没有起也没有伏，就像一双脚踩在又坦又硬的大路上，脚步抬起，什么也没有留下；而那些经风沐雨的人，他们在苦难中跋涉不停，就像一双脚行走在泥泞里，他们走远了，但脚印印证着他们行走的价值。

"罗马不是一天建成的"，任何一个伟大事业完成的背后，总有不少感天动地的故事。而故事中的"英雄""伟人""名人",却是在那些不为人知的岁月里,花了许多宝贵的时间,流了许多辛勤的汗水!

我们不要只羡慕鲜花的芬芳,没有泥土的滋养,它们也没有绽放的机会。一分耕耘,总有一分收获,泥泞的道路上布满勤奋的脚印,路的那一端才能真正地通向成功。作为一个现代人,应做好迎接挑战的心理准备。世界充满了机遇,也充满了风险。要不断提高自我应付挫折的能力,调整自己,增强社会适应力,坚信挫折中蕴含着机遇。

人生没有过不去的坎儿

有一位名人说道:"没有永久的幸福,但也没有永久的不幸。"尽管在生活当中,我们每个人都会遇到各种各样的挫折和不幸,有时不仅要承受一种磨难,甚至有时候遭受厄运的时间可能长达几年、十几年,但是让人极度讨厌的厄运也有它的致命弱点,那就是它不会持久。

人们在遭受了厄运的打击之后,总是习惯抱怨自己的命运不好,但是他们往往忽略了,每个人都会遇到这样的挫折,而所有的挫折都会过去。

每个人的人生都有很多的路要走,但不管你走的是哪一条路径,困难、艰苦与险境都一定会出现。因此,我们不必动辄改道或临阵脱逃,唯有坚持下去,才能建立起坚强的信心,获得最后的胜利。如果我们已经付出了很多努力去做一件事,就不应轻易放弃,而应坚持不懈。这样，才不会前功尽弃，在黎明前的黑暗中倒下。

凡尔纳在出版他的第一部科幻小说《乘气球五周记》时，遭受了出版社十几次的退稿。在一个冬日的上午，凡尔纳刚吃过早饭，忽然传来一阵敲门声，一开门，一个邮政工人便把一包沉重的邮件递到了凡尔纳的手里。打开里面的一封信，上面写道："凡尔纳先生：尊稿经我们审读后，不拟刊用，特此奉还。"自从凡尔纳几个月前把他的作品寄到各出版社后，收到这样的邮件已经有14次了，这是第15次被拒绝采用。凡尔纳被激怒了，他深知那些出版人根本不会好好阅读不出名作者的作品，因为他们根本不会把这些作品放在眼里。凡尔纳心里一阵绞痛，他发誓从此再也不写作了。

正当他拿起手稿走向壁炉，准备把这些稿子烧毁的时候，妻子赶过来一把抢过手稿紧紧抱在胸前。妻子用肯定的语气安慰丈夫："亲爱的，不要灰心，你只不过才试了十几次而已，再试一次吧，总会有出版社看到你的才华，也许这次就能交上好运呢。"

凡尔纳听了这句话后，沉默了好一会儿，最终接受了妻子的劝告，又抱起这一大包手稿到第16家出版社去碰碰运气。果然被妻子言中，这次成功了！这家出版社读完手稿后，觉得相当精彩，立即决定出版此书，并与凡尔纳签订了20年的出书合同。

迎来光明十分不易，只有承受得住漫漫长夜的人，才能坚持等到最后的日出。

生命不止，希望就不息。人生没有过不去的坎儿，心中充满希望，就能以坦然的心情看待挫折和打击，就能在困难中看到光明，在逆境中找到出路。当你困惑时，当你身处逆境时，要不停跟自己说：只要希望不灭，就一定能摆脱现状！

先接受现实，才能改变现实

荷兰阿姆斯特丹有一座 15 世纪的教堂遗迹，里面有这样一句让人过目不忘的题词："事必如此，别无选择。"命运中总是充满了不可捉摸的变数，如果它给我们带来了快乐，当然是很好的，我们也很容易接受。但事情往往并非如此，有时，它带给我们的会是可怕的灾难，这时如果我们不能学会接受它，反而让灾难主宰了我们的心灵，那生活就会永远地失去阳光。

琼妮小姐是新西兰一位建筑商的女儿，移居美国后，曾在休斯敦一家电视台工作，1990 年起任 CNN 摄影记者。1992 年 6 月，她被派往萨拉热窝进行战地采访。在那里，曾有多名记者丧生。

琼妮在萨拉热窝逗留 6 个星期后，已经习惯周围的流弹，一天清早，一颗子弹击穿车玻璃，正好击中她的脸部，几乎掀掉了她的半边脸，她的颧骨被打得粉碎，牙齿没有了，舌头被打断。送到诊所时，大夫们直摇头，认为她不行了。经过 20 多次手术后，她又奇迹般地回到了工作岗位。这时的她，下颌仍无感觉，脸部还留着弹片，体重减轻了 8 公斤。令大家吃惊的是，她要求重返萨拉热窝。她幽默地说："说不定我还能在那里找回我的牙齿。"她甚至想认识一下当初袭击她的枪手。有人问她，见到那个枪手后怎么办。她说："我会请他喝一杯，问他几个问题，比方说当时距离有多远。"

琼妮面对厄运的乐观态度证明她是一个具有坚韧毅力的女孩，正是这种乐观的性格，使她能够迅速摆脱挫折的阴影，积极地投入新的工作中去。威廉·詹姆斯说："完全接受已经发生的事，这是克服不幸的第一步。"哲人说："太阳底下所有的痛苦，有的可以解救，有的则不能，若有就去寻找；若无，就忘掉它。"

快乐是什么？快乐是血、泪、汗浸泡的人生土壤里怒放的生命之花，正如惠特曼所说："只有受过寒冷的人才感觉得到阳光的温暖，也只有在人生战场上受过挫败、痛苦的人才知道生命的珍贵，才可以感受到生活之中的真正快乐。"

托尔斯泰在他的散文名篇《我的忏悔》中讲了这样一个故事：一个男人被一只老虎追赶而掉下悬崖，庆幸的是在跌落过程中他抓住了一棵生长在悬崖边的小灌木。此时，他发现，头顶上那只老虎正虎视眈眈，低头一看，悬崖底下还有一只老虎，更糟的是，两只老鼠正忙着啃咬悬着他生命的小灌木的根须。绝望中，他突然发现附近生长着一簇野草莓，伸手可及。于是，这人摘下草莓，塞进嘴里，自语道："多甜啊！"生命进程中，当痛苦、绝望、不幸和危难向你逼近的时候，你是否还能享受一下野草莓的滋味？"尘世永远是苦海，天堂才有永恒的快乐"是禁欲主义编撰的用以蛊惑人心的谎言，苦中求乐才是快乐的真谛。

当你对生活感到绝望的时候，请再等待 3 天，希望便会出现。

应邀访美的女作家在纽约街头遇见一位卖花的老太太。这位老太太穿着相当破旧，身体看上去很虚弱，但脸上满是喜悦。女作家挑了一朵花说："你看起来很高兴。"

"为什么不呢？一切都这么美好。"

"你很能承担烦恼。"女作家又说。然而，老太太的回答令女作家大吃一惊："耶稣在星期五被钉在十字架上的时候，那是全世界最糟糕的一天，可3天后就是复活节。所以，当我遇到不幸时，就会等待3天，一切就恢复正常了。"

英格兰的妇女运动名人格丽·富勒曾将一句话奉为真理，这句话是："我接受整个宇宙。"是的，你我也应该能接受不可避免的事实。即使我们不接受命运的安排，也不能改变事实分毫，我们唯一能改变的只有自己。成功学大师卡耐基也说："有一次我拒不接受我遇到的一种不可改变的情况。我像个蠢蛋，不断做无谓的反抗，结果带来无眠的夜晚，我把自己整得很惨。终于，经过一年的自我折磨，我不得不接受我无法改变的事实。"

面对现实，并不等于束手接受所有的不幸。只要有任何可以挽救的机会，我们就应该奋斗！但是，当我们发现情势已不能挽回时，我们最好就不要再思前想后，拒绝面对，要接受不可避免的事实，唯有如此，才能在人生的道路上掌握好平衡。

关上一道门后，总有另一扇窗打开

在人的一生中，每个人都不能保证事业一帆风顺。很多刚刚步入社会的年轻人，自身的经验、才能都尚在成长之中，加上社会上竞争激烈，各个用人单位对人才的要求不尽相同，这期间面试遭淘汰，或者工作不适被辞退，这都是很正常的事情。你不必为此屈辱不堪，耿耿于怀。生活中谁都难免遭遇到挫折，只要你树立信心，继续努力，生活中，肯定会有"柳暗花明又一村"的新景象。

在面试中，被淘汰并不是一件坏事，这家单位不要你，总会有一家适合你的"伯乐"。路正在脚下，即使我们被单位解聘淘汰了也不用去计较，走过去，前面有更光明的一片天空在等着我们。

西娅在维伦公司担任高级主管，待遇优厚。很长一段时间，她都为到底去什么地方度假而烦恼。但是情况很快就变得糟糕起来。为了应对激烈的竞争，公司开始裁员，西娅也在其中。那一年，她43岁。

"我在学校一直表现不错！"她对好友墨菲说，"但没有哪一项特别突出。后来，我开始从事市场销售。在30岁的时候，我加入了那家大公司，担任高级主管。

"我以为一切都会很好，但在我43岁的时候，我失业了。那感觉就像有人给了我的鼻子一拳。"她接着说，"简直糟糕透了。"

西娅似乎又回到了那段灰暗的日子，语气也沉重了许多。"有一段时间，我不能接受自己失业的事实。躲在家里，不敢出门，因为每当看到忙碌的人们，我都会觉得自己没用，脾气也越来越大，孩子们也越来越怕我。情况似乎越来越糟糕。但就在这时，转机出现了。一个月后，一个出版界的朋友问我，如何向化妆业出售广告。这是我擅长的东西。我重新找到了自己的方向：为很多上市公司提供建议，出谋划策。"

两年后，西娅已经拥有了自己的咨询公司。她已经不再是一个打工者，而是成了一个老板，收入自然也比以前多了很多。

"被裁员是一件糟糕的事情，但那绝对不是地狱。也许，对你自己来说，可能还是一个改变命运的机会，比如现在的我。重要的是如何看待，我记得那句名言：世界上没有失败，只有暂时的不成功。"西娅真诚地对墨菲说。

当生活为你关上一扇门时，上帝同时又会为你打开另一扇门。生活在竞争异常激烈的今天，我们应该做好充分的心理准备迎接挑战。世界充满了就业的机遇，也充满了被淘汰的可能。被淘汰不一定是坏事，也许这正是上帝在以另一种方式告诉你，你未尽其才，你需要寻找更适合你发展的空间。即使你的淘汰确实是因为你的能力暂时不足，只要你再接再厉，努力去争取，谁能说你的明天会不如现在呢？

愁也一天，喜也一天

社会上流行一首《宽心谣》：

日出东海落西山，愁也一天，喜也一天；
遇事不钻牛角尖，人也舒坦，心也舒坦。
每月领取养老钱，多也喜欢，少也喜欢；
少荤多素日三餐，粗也香甜，细也香甜。
新旧衣服不挑选，好也御寒，赖也御寒；

常与知己聊聊天，古也谈谈，今也谈谈。

内孙外孙同样看，儿也心欢，女也心欢；

全家老少互慰勉，贫也相安，富也相安。

早晚操劳勤锻炼，忙也乐观，闲也乐观；

心宽体健养天年，不是神仙，胜似神仙。

朴实语言中，自然透着一种大彻大悟的智慧，世人若能如此生活，宽心面对一切，相信心灵会少许多负累，可是人偏偏要和自己过不去。

有位老太太生了两个女儿，大女儿嫁给伞店老板，小女儿当上了洗衣作坊的老板娘。于是老太太整天忧心忡忡，逢上雨天，她担心洗衣作坊的衣服晾不干；逢上晴天，她生怕伞店的雨伞卖不出去，天天为女儿担忧，日子过得很忧郁。后来一个聪明人告诉她："老太太，您真是好福气！下雨天，您大女儿家生意兴隆；大晴天，您小女儿家顾客盈门。哪一天你都有好消息啊！"老太太一想，果然如此，从此高兴起来，每天都很舒心。

天空不会因为别人而改变其阴晴不定的本性，人只有学会面对这些必然之事，才能多一些快乐，少一些忧愁。看看现代人，抑郁症成了流行病，路人打招呼都成了："你抑郁了吗？"难道这个世界就让我们这么绝望，以至于所有的东西都变成了灰色？其实抑郁只是自找的，没有人强加于你。

很佩服有些人，他们疲于安身立命，却又超凡脱俗，任凭尘世惊涛、社会险难，自在逍遥游。他们从不灰心，从不退缩，他们心宽得很，是为达人。

曾有这么一位人力三轮车师傅，50多岁，相貌堂堂。有人问他为什么愿意干这样的活儿，他笑着从车上跳下来，并夸张地走了几步给大家看，哦，原来是跛足，左腿长，右腿短，天生的。

他坦然地笑着说，为了能不走路，踩三轮车便是最好的伪装，这也算是"英雄有用武之地"。不时，他还转过头说："我老婆很漂亮，儿子也很帅！"坐他的车，让人如沐春风。

他说，自己没什么文化，但有好体力，踩三轮车，很环保，也可养家糊口，一天可挣上百元。虽然发不了大财，但日子过得还算舒坦，他说他有"人生三愿"，即吃得下饭，睡得着觉，笑得出来。

这位人力三轮车师傅可称为智者。其实想想也是，人生不过数十寒暑，生长壮老，生命就是这么一个简单的过程，有人享受过程，有人痛苦过程，有人眷恋过程。但不管你是有钱还是有权，都不能改变这个过程。即使可以通过一些手段加长这个过程，但多10年少10年又有多大区别，因此不要老是想不开，拼命地在这个过程中多多占有，以至于过程很累，结果两手空空，何苦呢？

正是"愁也一天，喜也一天"，何不一切随它去，眉间放一字宽，看淡人间名利与恩怨，持平常心，做乐活族。

原来我们可以如此幸运

听说过这样一句话："在这个世界上，你是自己最好的朋友，你也可以成为自己最大的敌人。"当你接受自己、热爱自己时，你的心里就充满了阳光；而当你排斥自己、讨厌自己时，你的心灵就会被冰雪覆盖。你要知道，即使是微不足道的一点烦恼，也可以染黑你的整个生活。

据说，有一个富翁，为了教每天精神不振的孩子知福惜福，便让他到当地最贫穷的村落住了一个月。一个月后，孩子精神饱满地回家了，脸上并没有带着"下放"的不悦，让富爸爸感到不可思议。爸爸想要知道孩子有何领悟，问儿子："怎样？现在你知道，不是每个人都能像我们过得这么好吧？"

儿子说："是的，他们过的日子比我们还好。因为，我们晚上只有灯，他们却有满天星空；我们必须花钱才买得到食物，他们吃的却是自己的土地上栽种的免费粮食。

"我们只有一个小花园，对他们来说到处都是花园。

"我们听到的都是噪声，他们听到的都是自然音乐。

"我们工作时神经紧绷，他们一边工作一边大声唱歌。

"我们要管理用人、管理员工，他们只要管好自己。

"我们要关在房子里吹冷气，他们在树下乘凉。

"我们担心有人来偷钱，他们没什么好担心的。

"我们老是嫌菜不好，他们有东西吃就很开心。

"我们常常失眠，他们睡得好安稳。所以，谢谢你，爸爸。你让我知道，我们可以过得那么好。"

很多刚刚踏入社会的年轻人，无论思想还是为人处世，都有甚多不成熟的地方，却又敏感异常。他们希望事事做到完美，人人都能赞许他。但当这种想法不能实现时，他们就很轻易地陷入不如意的境地，觉得自己是全世界最倒霉的人了。

也许，你并不确切地了解自己幸运与否。没关系，这儿有一份专家们的"全球报告"，来细细地对照一下吧：

如果我们将全世界的人口压缩成一个100人的村庄，那么这个村庄将有：

57名亚洲人，21名欧洲人，14名美洲人和大洋洲人，8名非洲人；52名女人和48名男人，30名基督徒和70名非基督教徒，89名异性恋和11名同性恋；6人拥有全村财富的89%，而这6人均来自美国；80人住房条件不好；70人为文盲；50人营养不良；1人正在死亡；1人正在出生；1人拥有电脑；1人（没错，仅仅有1人）拥有大学文凭。

如果我们从这种压缩的角度来认识世界，我们就能发现：

假如你的冰箱里有食物可吃、身上有衣可穿、有房可住、有床可睡，那么你比世界上75%的人更富有。

假如你在银行有存款、钱包里有现钞、口袋里有零钱，那么你属于世界上8%最幸运的人。

假如你父母双全没有离异，那你就是很稀有的地球人。

假如你今天早晨起床时身体健康，没有疾病，那么你比其他几千万人都幸运，他们甚至看不到下周的太阳。

假如你从未尝试过战争的危险、牢狱的孤独、酷刑的折磨和饥饿的煎熬，那么你的处境比其他 5 亿人更好。

假如你能随便进出教堂或寺庙而没有任何被恐吓、强暴和杀害的危险，那么你比其他 30 亿人更有运气。

假如你读了以上的文字，说明你就不属于 20 亿文盲中的一员，他们每天都在为不识字而痛苦……

看吧，我们原来这么幸运。只要肯用心去面对，用心去体会，我们当下拥有的，足以幸福一生了。

学会豁达一些，在盯着他人财富的同时，细细清点一下自己的所有，你会发觉，自己的运气其实一点都不差。

自我解嘲，活出潇洒人生

所谓自我解嘲就是当自己的需求无法得到满足时，为了消除内心的烦闷，有意"丑化"自己，编造一些得不到的借口，以此来自我安慰，以达到心理上的一种平衡。

吃了亏的人说："吃亏是福。"丢了东西的人说："破财免灾。"侥幸逃过一劫的人说："大难不死，必有后福。"受欺压的人说："不是不报，时候未到。"卸任官员说："无官一身轻。"住在顶楼的人说："顶楼好呀，上下楼锻炼身体，空气新鲜，还不会有人骚扰。"住在一楼的人说："一楼好呀，出入方便，省得爬楼梯，怪累的。"

自嘲是一种有效的心理防卫方式。自嘲可以使自己失望、不满的情绪得到平衡和缓解，把自己锻炼得更加成熟和坚强。自嘲还能使自卑转化为自信，使失衡的心理得到平衡。

美国著名演说家罗伯特，头秃得很厉害，在他头顶上很难找到几根头发。在他60岁生日那天，许多朋友来给他庆祝生日，妻子悄悄地劝他戴顶帽子。罗伯特却大声说："我的夫人劝我今天戴顶帽子，可是你们不知道光着秃头有多好，我是第一个知道下雨的人！"这句嘲笑自己的话，使聚会的气氛一下子变得轻松起来。

"谋事在人，成事在天。"客观规律不以人的主观意志为转移。现实生活中的"不如意"之事，是一种无法改变的客观存在。与其固执己见、钻牛角尖，不如放松一下，来点自我解嘲。譬如，恋人与你分了手，破镜已无法重圆，与其在那里苦苦相思，"剃头挑子一头热"，自己折磨自己，不如调整一下心态：强扭的瓜不甜，捆绑不成夫妻，天涯处处有芳草，何苦在一棵树上吊死？

自我解嘲是生活的艺术，是一种自我安慰和自我帮助，也是对人生挫折和逆境的一种积极、乐观的态度。自我解嘲并非逆来顺受、不思进取，而是随遇而安，放弃可望而不可即的目标，重新设计自己，追求新的目标。一个人要做到自我解嘲，需要有一颗淡泊心，不为名利所累，不为世俗所扰，不以物喜，不以己悲。人只有树立正确的人生观、价值观，对名利地位、物质待遇等采取超然物外的态度，心怀坦荡，乐观豁达，才谈得上自我解嘲，才能活出潇洒、自在的人生。

从新的视角拍摄生活的乐趣

一少妇投河自尽，被正在河中划船的船夫救起。

船夫问："你年纪轻轻，为何自寻短见？"

"我结婚才两年，丈夫就抛弃了我，接着孩子又病死了。您说我活着还有什么意思？"

船夫听了，想了一会儿，说："两年前，你是怎样过日子的？"

少妇说："那时的我自由自在，没有任何烦恼……"

"那时你有丈夫和孩子吗？"

"没有。"

"那么你不过是被命运之船送回到两年前去了。现在你又自由自在，没有任何烦恼了，你还有什么想不开的？请上岸去吧……"

听了船夫的话，少妇仿佛做了一个梦，她揉了揉眼睛，想了想，心中豁然开朗。从此，她没有再寻短见，她从另一个角度看到了希望的曙光。

有位哲人说："我们的痛苦不是问题的本身带来的，而是我们对这些问题的看法而产生的。"这句话很经典，它引导我们学会解脱。解脱的最好方式是面对不同的情况时，用不同的思路从多角度分析问题，因为事物都是多面性的，视角不同，所得的结果就不同。

要解决一切困难是一个美丽的梦想，但任何一个困难都是可以解决的。一个问题就是一个矛盾的存在，而每一个矛盾只要找到了合适的介点，就可以把矛盾的双方统一。这个介点不停地变幻，它总与那些处在痛苦中的人玩游戏。转换看问题的视角，就是不能用同种方式去看所有的问题和问题的所有方面。如果那样，你肯定会钻进死胡同，离介点越来越远，处在混乱的矛盾中不能自拔，就像故事中的那个少妇一样容易产生轻生的念头。

活着是需要睿智的。如果你能换个视角看问题，你就会看到事物美好的一面：

换个视角看人生，你就会从容坦然地面对生活。当痛苦向你袭来的时候，不要悲观气馁，要寻找痛苦的原因、教训及战胜痛苦的方法，勇敢地面对多舛的人生。

换个视角看人生，你就不会为战场失败、商场失手、情场失意而颓废，也不会为名利加身、赞誉四起而得意忘形。

换个视角看人生，是一种突破、一种解脱、一种超越、一种高层次的淡泊宁静。换一个视角看待世界，世界无限宽大；换一种立场对待人、事，人、事无不自在。

悦纳一切苦与乐

痛苦与快乐似乎从来都是相伴相生的，二者之间相互矛盾又相互联系。所谓"没有痛苦也就无所谓快乐"，正如哈密瓜比蜜还要甜，人们吃在嘴里乐在心上；苦巴豆比难吃的中药还要苦。然而，种瓜的老人却告诉我们：哈密瓜在下秧前，先要在地底下埋上半两苦巴豆，瓜秧才能茁壮成长，结出蜜一样的果实来。如果我们将痛苦与快乐看成绝对地对立而加以逃避，那么，我们不仅得不到快乐，反而会陷入更加痛苦的深渊，而我们之所以见苦便畏惧，是因为我们并没有一个正确的苦乐观。

没有苦中苦，哪有甜中甜呢？而乐又从何而来呢？苦是乐的源头，乐是苦的归结。"不经风霜苦，难得腊梅香"，成功的快乐，正是经历艰苦奋斗后产生的。吃得苦中苦，方能得成果。古人"头悬梁，锥刺股"，苦则苦矣，但他们下苦功实现上进之志，本身就是一种快乐，以苦为乐，苦中求乐，其乐无穷。

苦的滋味的确让人觉得不好受，甜、乐的滋味人人都喜欢，艰苦的劳动、挫败和失败与苦味一样，没有人想特意去领受，而成功的喜悦则是大家都梦想得到的。但是，如同没有苦巴豆就结不出哈密瓜一样，想要享受成功的喜悦，多半先要饱尝找寻成功的艰辛。

很多时候，苦乐往往会和成功、失败联系起来。成功是新大陆，不尝一尝在大西洋上漂泊近两个月看不见陆地的苦，哥伦布怎能在毫无希望之时，看到曙光中的大陆呢？成功是胜利，不每天尝一尝那在苦艾酒中浸过的苦胆，勾践怎么能取得灭吴的功绩呢？甜丝丝的成功背后，总有一段苦不堪言的奋斗过程。《圣经》说，通往天国的门是小门，路是荆棘之路。是的，不付出代价，不经过艰苦努力而得来的成功是没有保障的。

"或许，靠老天帮忙，取得成功，也行吧？"有人会这样问，天上掉馅饼的事不一定没有，但那是极其偶然的，那种乐，是侥幸的乐，因为没有尝过苦味，所以也并不显得很乐。欢呼收割之前，必须流汗撒种。未经楷书的行书，不经火烧的陶瓷，不付出代价的捷径，行吗？做一件艰苦的事，我们不能埋怨。一旦有了成功的希望，有了奋斗的目标，知道苦尽甘来的道理，艰苦前行的人，才不会懈怠，不惮于迎接成功的苦痛。

的确，人生的悲苦从来都是无法逃避的。多苦少乐是人生的必然。因此，我们应该做到能苦会乐的那份坦然、化苦为乐的那份智者的超然。

有这样一个关于"苦"的古老的故事：

有一群弟子要出去朝圣，师父拿出一个苦瓜，对弟子们说：随身带着这个苦瓜，记得把它浸泡在每一条你们经过的圣河，并且把它带进你们所朝拜的圣殿，放在圣桌上供养，并朝拜它。

弟子朝圣走过许多圣河、圣殿，并依照师父的教言去做。回来以后，他们把苦瓜交给师父，师父叫他们把苦瓜煮熟，当作晚餐。晚餐的时候，师父吃了一口，然后语重心长地说：奇怪呀！泡过这么多圣水，进过这么多圣殿，这苦瓜竟然没有变甜。弟子听了，立刻开悟了。

这真是一个动人的教化，苦瓜的本质是苦的，不会因圣水、圣殿而改变；人生是苦的，修行是苦的，由情爱产生的生命本质也是苦的，这一点即使是圣人也不可能改变，何况是凡夫俗子！

苦为乐、乐为苦，苦与乐的感受全在于一心。达摩面壁，凡人皆称其为苦修。有谁知道达摩祖师在静修中，心归空灵，慧及宇宙，体肤之苦尽皆化为心灵的极乐，并无半点苦楚可言。

对待我们的人生与修行也是这样的，时时准备受苦，不是期待苦瓜变甜，而是真正认识那苦的滋味，才是有智慧的态度；不是期待苦瓜变甜，而是要去真实地体会和了解。苦瓜本来就是苦瓜，是连根都苦的。这是一个苦瓜的实相、真相，变甜只是我们虚幻的期待而已。所有的事情唯有就当下去面对它、解决它，不期待未来，才能真正地解决和处理。

其实，生命本身并没有苦与乐之分，只是众生按照自己的世俗观点和功利心，把世间的事情分成了苦与乐：合乎自己心愿的认为是乐，不合乎的就看作苦。到头来，既没有接纳过苦，也没有彻底拥有过乐。须知，苦与乐是一体的，苦即是乐，乐即是苦。当我们接纳苦，把苦看作人生的必然历程时，苦便不再是世俗的"苦"了。同样，接受乐，把乐当作生命的历程，乐也不再仅仅是世俗的"乐"了。而当众生真的能接纳所有苦乐时，先前的苦乐"标准"立刻土崩瓦解，根本不再有苦与乐的分别。生命本身就是一场盛宴，你我所能做的就是去享受生命的盛宴，享受所有的苦与所有的乐，活在生命的苦乐中。

第十二章

抱怨不如改变，生气不如争气

抱怨生活，不如经营生活

莲花因为污泥，而更庄严清净；鲑鱼因为逆游，而更勇猛奋进；探索者不怕危险困难，正因为可以挑战自己的体能极限；参禅者不怕腿酸脚麻，也是向自我内在的陋习挑战。

现实生活中很多人习惯了抱怨，遇到烦恼抱怨，遇到委屈抱怨，遇到困难抱怨……殊不知，抱怨生活的太多，发泄于生活的太多，生活就会如数还给你，这就是生活的规律。

佛教中有一句偈语："花繁柳密处拨得开，方见手段；风狂雨骤时立得定，才是脚跟。"平静湖面，从来练不出精干的水手，只有那些经得起生活考验的，才是最好的。

一个修佛的人要想修成正果，必须经历千万重考验，才能真正达到幸福的彼岸；一个红尘俗人，只有承受住生活的检验，才能提升生命的质量。

佛经中记载了这样一则故事：

作恶多端且杀生无数的鸯掘摩在皈依佛门，加入比丘群后，知道过去所做的恶必定要接受上天的磨难，于是请求佛陀给他一段时间，接受身心的考验。

他独自前往荒郊野外，无畏于日晒、雨淋、风吹，在树下静坐，累了就到洞里休息。吃的是树根、野草，穿的是破布缝补成的衣服，甚至破烂到全身裸露。无论是煎沙煮日、霜雪严冻，还是狂风雨露，都不能动摇他修行的决心，他谓是苦人所不能苦、修人所不能修。

过了很长时间，有一天，佛陀告诉鸯掘摩："你身为比丘，应该要走入社会人群中。"鸯掘摩于是听从佛陀的话，跟其他比丘一样到城里托钵。

然而，人们看到他就很厌恶，不但大人辱骂他，连小孩看了他也纷纷躲避。鸯掘摩向一位怀孕的妇人托钵，那妇人突然肚子痛得哀天叫地。

鸯掘摩回到精舍，将经过告诉佛陀。"受人厌弃、咒骂，这些我都不在意，因为我以前做过太多坏事，这是我罪有应得。但是，那位怀孕的妇人一看到我，连胎儿也不得安位，我该怎么做才能解除她的痛苦呢？"

佛陀要鸯掘摩再回到那户人家，向妇人腹中的胎儿说："过去的我已经死了，现在我重生在如来的家庭，已经守戒清净，再也不会杀生了。"果然，当鸯掘摩将此话对那位妇人反复说了三次后，妇人腹中的胎儿就安定下来了。

此后鸯掘摩走入人群托钵，仍然有人会用石头和砖块扔他，甚至拿棍子打他，但鸯掘摩都没有怨言，也不躲避。

有一天，佛陀看鸯掘摩全身是血，而且都青肿了，心疼地对他说："你过去造的恶业确实很多，所以得长期接受磨炼。你要时时把心照顾好，耐心地接受这份果报。"

鸯掘摩平静地说："我过去杀生太多、作恶多端，是罪有应得。只要我不迷失道心，即使生生世世要接受天下人的身心折磨，我也愿意。"

佛陀听了很安慰，赞叹并勉励他自我觉悟，磨尽一切罪业。最终，鸯掘摩修成了正果。

鸯掘摩修行的过程是痛苦且艰难的，如果他一味地抱怨，心就会被困在不停埋怨的牢笼里，但是，选择承受、选择经营心境，就能经受住这个严酷的考验过程。

人们在生活中都多多少少会遇到不顺心的事情。在平静的港湾中生活的人，很难体会到与风浪搏斗的乐趣，也很难享受到成功之后的喜悦。只有在风浪起伏中不抱怨，把握好航船的舵盘，从惊涛骇浪中勇敢穿行而过，才能体会到搏击的快乐。

别把抱怨的"枪口"对准每一个角落

几乎在每一个公司里，都有"牢骚族"或"抱怨族"。他们每天轮流把"枪口"指向公司里的任何一个角落，埋怨这个、批评那个，而且，从上到下，很少有人能幸免。他们的眼中处处都能看到毛病，因而处处都能看到或听到他们的批评和发怒。

杰森刚出来打工时，和公司其他的业务员一样，拿很低的底薪和很不稳定的提成，每天的工作都非常辛苦。他拿着第一个月的工资回到家，向父亲抱怨说："公司老板太抠门了，给我们这么低的薪水。"慈祥的父亲并没有问具体数字，而是问："这个月你为公司创造了多少财富？你拿到的与你给公司创造的是不是相称呢？"从此，杰森再也没有抱怨过，既不抱怨别人，也不抱怨自己，更多的时候只是感觉自己这个月的业绩太少，对不起公司给的工资，于是更加勤奋地工作。

两年后，他被提升为公司主管业务的副总经理，工资待遇提高了很多，他时常考虑的仍然是："今年我为公司创造了多少财富？"有一天，他手下的几个业务员向他抱怨："这个月在外面风吹日晒，吃不好，睡不好，辛辛苦苦，老板才给我500元！你能不能跟老板建议给增加一些？"他问业务员："我知道你们吃了不少苦，应该得到回报，可你们想过没有，你们这个月每人给公司只赚回了2000元，而公司却给了你们500元，公司得到的并不比你们多。"业务员都不再说话。

在以后的工作中，他手下的业务员成了全公司业绩最优秀的员工，他也被老总提拔为常务副总经理，这时他才27岁。去人才市场招聘时，凡是抱怨以前的老板没有水平、给的待遇太低的人他一律不要，他说，播种蒺藜不会收获牡丹，你自己不付出，却想着收获。做事情不知道反思自己，只知道抱怨别人，这种人是做不成大事的。

按照杰森的观点，抱怨之前要先反思自己，可是人们通常都只能听到别人的抱怨，却忽略了自己。很多人经常抱怨，却还以为自己是最乐观的、最任劳任怨的人。

抱怨一般有三种：一种是工作上的抱怨，如抱怨上司不公平、待遇不佳、工作太多、同事不合作，等等；另一种是生活上的抱怨，如抱怨物价太高、小孩不乖、身体不好，等等；还有一种是对社会的抱怨，总是愤世嫉俗，对不公平之事极为不满。

人都有一种正义与刚毅之气，有一种自尊之需，因此难免会对周围的不平之事发泄自己心中的情绪，但你要知道你的抱怨不会给别人带来任何益处。

别人没有听你抱怨的义务，你的抱怨如果与听者毫无关系，只会让对方不耐烦。如果你经常抱怨，下次他看见你便会躲得远远的。

有问题才会抱怨，如果你抱怨的都是一些很小的事情，而且天天抱怨，那就会给人一种"无能"的印象。一个能干之人，如果因为爱抱怨而被人认为"无能"，那不是很冤枉吗？如果你时常抱怨别人，那么你也会被认为是个不合群、人际关系有问题的人，否则为什么别人不抱怨？

对工作的抱怨如果言过其实或无中生有，那么不仅听的人不以为然，不同情你，反而会抵制你，连上司也会对你表示反感。

扫除错误观念，世界不是根据公平原则创造的

在我们这个世界上，许许多多的人都认为公平合理是生活中应有的现象。我们经常听人说："这不公平！""因为我没有那样做，你也没有权利那样做。"我们整天要求公平合理，每当发现公平不存在时，心里便不高兴。应当说，要求公平并不是错误的心理，但是，如果不能获得公平，就产生一种消极的情绪，这个问题就要注意了。

实际上绝对的公平并不存在，你要寻找绝对公平，就如同寻找神话传说中的宝物一样，是永远也找不到的。这个世界不是根据公

平的原则而创造的，譬如，鸟吃虫子，对虫子来说是不公平的；蜘蛛吃苍蝇，对苍蝇来说是不公平的；豹吃狼、狼吃獾、獾吃鼠、鼠又吃……只要看看大自然就可以明白，这个世界并没有公平。飓风、海啸、地震等都是不公平的，公平只是神话中的概念。人们每天都过着不公平的生活，快乐或不快乐，是与公平无关的。

这并不是人类的悲哀，只是一种真实情况。

生活不总是公平的，这着实让人不愉快，但确是我们不得不接受的真实处境。我们许多人所犯的一个错误便是为了自己或他人感到遗憾，认为生活应该是公平的，或者终有一天会公平。其实不然，绝对的公平现在不会有，将来也不会有。

承认生活中充满着不公平这一事实的一个好处便是能激励我们去尽己所能，而不再自我伤感。我们知道让每件事情完美并不是"生活的使命"，而是我们自己对生活的挑战，承认这一事实也会让我们不再为他人遗憾。

每个人在成长、面对现实、做种种决定的过程中都会遇到不同的难题，每个人都有成为牺牲品或遭到不公正对待的时候，承认生活并不总是公平这一事实，并不意味着我们不必尽己所能去改善生活，去改变整个世界；恰恰相反，它正表明我们应该这样做。

当我们没有意识到或不承认生活并不公平时，我们往往怜悯他人也怜悯自己，而怜悯自然是一种于事无补的失败主义的情绪，它只能令人感觉比现在更糟。但当我们真正意识到生活并不公平时，我们会对他人也对自己怀有同情，而同情是一种由衷的情感，所到之处都会散发出充满爱意的仁慈。当你发现自己在思考世界上的种种不公正时，可要提醒自己这一基本的事实。你或许会惊奇地发现它会将你从自我怜悯中拉出来，使你采取一些具有积极意义的行动。

公平公正能够向往，但不能依赖和强求，不要把堕落的责任推诸他人，更不能自欺欺人！许多不公平的经历我们是无法逃避的，也是无从选择的，我们只能接受已经存在的事实并进行自我调整，抗拒不但能毁了自己的生活，而且会使自己精神崩溃。因此，人在无法改变不公和不幸的厄运时，只有学会接受它、适应它才能把人生航向调转过来，才能驶往自己真正的理想目的地。

沉默比牢骚更有建设性

对于那些热爱抱怨的人来说，沉默是一件痛苦的事情。但是，沉默能把他们从抱怨情绪中解救出来。

如果你什么都不说，大家也许还会赞美你稳重，但如果你说个不停，不但不会表现出你期望的睿智，反而会令人感觉到浮躁。倘若你滔滔不绝了很久，表达的内容却无非是抱怨和牢骚，那就更不够明智了。

所以，在思想上给自己一个过滤器吧，当你想要抱怨时，请让自己沉默几分钟，让你的话语先穿越抱怨的过滤器。沉默能让你自省反思、谨慎措辞，让你说出你希望能传送创造性能量的言论，而不是任由不安驱使你发出又臭又长的牢骚。

法国有句谚语，雄辩如银，沉默是金。在现实生活中，有时候沉默确实胜于雄辩，当然更胜过那些毫无价值的抱怨的话语。在这一点上，美国总统罗斯福可谓众人的表率。

日本海军偷袭珍珠港得手后，尽管美军损失惨重，太平洋舰队几乎全军覆没，但是在一些美国议员之中，还有为数不少的议员反对美国向日本宣战。

　　当时罗斯福已经将局势分析得十分明朗，他明白如果不趁日军立足未稳时发动战争，等到日军发展起来战争会变得更加艰巨。同时，他明白那些持反对态度的人的想法。第一次世界大战中，美国在最后阶段才参战，战争没有在本土进行，但最后美国却因第一次世界大战而大发横财。所以，现在美国一旦参战，国内经济必受影响，而且战争的胜负很难预料。如果战事对美国不利，到时如何收场？

　　罗斯福明白这些人的忧虑，但他以政治家的眼光觉察出这些担忧是毫无必要的，所以他决定：美国必须参战。但是议员们观点的分歧令他苦恼，他有时候心中会生出几分厌烦的情绪，忍不住想要抱怨。

　　在一次会议上，当大家为战还是不战而争论不休时，罗斯福突然要站起来，因为他双腿残疾，所以平常总以车代步。当他挣扎着要从车上站起来时，两名白宫的侍从慌忙上前想帮他一把，但让人意想不到的是罗斯福愤怒地将他们推开了。

　　于是，在众人惊讶的目光中，罗斯福摇摇晃晃地挣扎着，从椅子上缓缓地站了起来。然后他满脸痛苦却倔强地坚持站着，默默地看着周围的人，一言不发。

　　所有在电视机前看到这一画面的美国民众都被感动了。有什么困难是不能克服的呢？

　　于是，在全国民众意愿的推动下，国会很快便做出决议：对日宣战。

罗斯福说服了那些原本反对参战的人，他没有采取强硬的态度，也没有苦口婆心地进行规劝。他没有抱怨，也没有妥协，而是以一位领导人的姿态，成功地将局势引导到他所希望的方向。这不正是沉默的力量吗？

所以，沉默往往比抱怨更有建设性。抱怨是一种习惯，如果你不想把抱怨的话说出口，那么就请沉默，让自己暂停一下，调整一下呼吸，就能给自己一个机会，在说话时更加小心地选择词语，也更加仔细地斟酌自己将要表达的观点是否合适。

说话之前，不如深呼吸，而不要穷抱怨。

无法改变现状，就改变态度

有两个人在大海上漂泊，想找一块生存的地方。他们首先到了一座无人的荒岛，岛上虫蛇遍地，处处都潜伏着危机，条件十分恶劣。其中一个人说："我就在这儿了。这地方虽然现在差一点儿，但将来会是个好地方。"而另一个人不满意，于是他继续漂泊，后来他终于找到一座鲜花烂漫的小岛，岛上已有人家，他们是18世纪海盗的后裔，几代人努力把小岛建成了一座花园。他便留在这里做了小工，生活不好也不坏。

过了很多年，一个偶然的机会，他经过那座他曾经放弃的荒岛，于是决定去拜访老友。岛上的一切使他怀疑，还以为走错了地方：高大的屋舍、整齐的田畴、健壮的青年、活泼的孩子……老友已因劳累、困顿而过早衰老，但精神仍然很好。尤其当他说起变荒岛为乐园的经历时，更是神采奕奕。最后老友指着整个岛说："这一切都是我双手干出来的，这是我的岛屿。"那个错过小岛的人此时不但没有愧疚，而且抱怨说："为什么上天这么厚爱你，当时你要留我在这个岛上，也许会比现在更好。"

有些人常常抱怨命运不公，却不看自己为理想做了些什么。其实，只要放平心态，你一样也能活得很好。

有一天，狮子来到天神面前："我很感谢你赐给我如此雄壮威武的体格，如此强大无比的力气，让我有足够的能力统治这片森林。"

天神听了，微笑地问："但是这不是你今天来找我的目的吧！看起来你似乎为了某事而困惑呢！"

狮子轻轻吼了一声，说："天神真是了解我啊！我今天来的确是有事相求。即使我的能力再好，每天鸡鸣的时候，还是总会被鸡鸣声给吓醒。神啊！祈求你，再赐给我一种力量，让我不再被鸡鸣声吓醒吧！"

天神笑道："你去找大象吧，它会给你一个满意的答复的。"

狮子兴冲冲地跑到湖边找大象，还没见到大象，就听到大象踩脚所发出的"砰砰"响声。

狮子加速跑向大象，却看到大象正气呼呼地在踩脚。

狮子问大象："你干吗发这么大的脾气？"大象拼命摇晃着大耳朵，吼着："有只讨厌的小蚊子，总想钻进我的耳朵里，害我都快痒死了。"

狮子离开了大象，心里暗自想着："原来体形这么巨大的大象，还会怕那么瘦小的蚊子，那我还有什么好抱怨的呢？毕竟鸡鸣也不过一天一次，而蚊子却是无时无刻地骚扰着大象。这样想来，我可比它幸运多了。"

在生活中，我们事事要求公平，要求按照自己的意愿发展。如果稍出差错就觉得老天对自己不公平，抱怨或牢骚就产生了。抱怨是一种心理不平衡的反应，是一种追求完美的心理和情绪化心态的外在表现。你周围有没有这样的朋友？他每天都会有许多不开心的事，总在不停地抱怨。你喜欢和这样的人打交道吗？生活中，每个人都会遇到烦恼，明智的人会一笑了之，因为有些事是不可避免的，有些事是无力改变的，有些事情是无法预测的。能补救的应该尽力补救，无法改变的就该坦然面对，调整好自己的心态做该做的事情。

不要将诉苦视作理所当然的事情

不管走到哪里，你都能发现许多才华横溢的失业者。当你和这些失业者交流时，你会发现，这些人对原有工作充满了抱怨、不满和谴责。要么就怪环境条件不够好，要么就怪老板有眼无珠，不识才，总之，牢骚一大堆，积怨满天飞。殊不知，这就是问题的关键所在——抱怨的恶习使他们丢失了责任感和使命感，只对寻找不利因素兴趣十足，从而使自己发展的道路越走越窄，在自己的抱怨声中不断退步。

本来他们可能只是想发泄一下，但后来一发而不可收。他们理直气壮地数落别人如何对不起他们，自己如何受到不公平待遇，等等，牢骚越讲越多，使得他们也越来越相信，自己完全是遭受别人践踏的牺牲品。不停抱怨的"牢骚族"，他们的抱怨只会妨碍和干扰自己的阵脚，终究受害最大的还是自己。

事实上，你很难找到一个成功人士会经常大发牢骚、抱怨不停，因为成功人士都明白这样的道理：抱怨如同诅咒，越抱怨越退步。

于强在一家电器公司担任市场总监，他原本是公司的生产工人。那时，公司的规模不大，只有三十多人，有许多市场等待开发，而公司又没有足够的财力和人力，每个市场只能派去一个人，于强被派往西部的一个市场。

于强在那个城市里举目无亲，吃住都成问题。没有钱坐车，他就步行去拜访客户，向客户介绍公司的电器产品。为了等待约好见面的客户，他常常顾不上吃饭。他租了一间破旧的地下室居住，晚上只要电灯一关，屋子里就有老鼠在那里载歌载舞。

那个城市的气候不好，春天沙尘暴频繁，夏天时常暴雨，冬天天气寒冷，这对于于强来说简直就是一个巨大的考验。公司提供的条件太差，远不如于强想象的那样。有一段时间，公司连产品宣传资料都供应不上，好在于强写得一手好字，自己花钱买来复印纸，用手写宣传资料。在这样艰苦的条件下，不抱怨几乎是不可能的，但每次抱怨时，于强都会对自己说："开拓市场是我的责任，抱怨不能帮助我解决任何问题。"他选择了坚持下来。

一年后，派往各地的营销人员都回到公司，其中有很多人早已不堪忍受工作的艰辛而离职了。后来，于强凭着自己过硬的业绩当上了公司的市场总监。

即使在恶劣的环境下，于强也没有选择抱怨，对自己工作的坚持，使他在进步的阶梯上得到了飞速发展。一名员工，无论从事什么工作都应当选择不抱怨的态度，应该尽自己的最大努力去争取进步。把不抱怨的态度融入自己的本职工作中，你才能不断地进步，才能得到社会的认可，受到老板的青睐。

你是否能够让自己在公司中不断得到进步，这完全取决于你自己。如果你永远对现状不满，以抱怨的态度去做事，那你在公司的地位永远都不能变得更加重要，因为你根本就不能做出重要的成绩。

抱怨的人很少积极想办法去解决问题，不认为主动独立完成工作是自己的责任，却将诉苦和抱怨视作理所当然。任何一个聪明的员工都应该明白这样的道理：一个人一旦被抱怨束缚，不尽心尽力，应付工作，在任何单位里都会自毁前程。如果你希望改变一下自己的处境，希望自己能够取得不断的进步，那么首先从不抱怨自己的工作开始吧。

只看我有的，我已经是富人

人生究竟是黑白还是彩色，纯粹是一种习惯性的看法。我们一旦习惯看到人生的黑暗面，就会刻意去寻找黑暗的那一面，而忽略掉光明的一面，我们自然就会被消极的世界包围。多计算一下自己已拥有的，我们每个人都将是富人。

黄美廉，自小就得上脑性麻痹。病魔夺去了她肢体的平衡感，也夺走了她发声讲话的能力。从小她就活在诸多肢体不便及众多异样的眼光中，她的成长充满了血泪。

然而，这位坚强的女孩没有让这些外在的痛苦击败她内在奋斗的精神，她坚持面对，迎向一切的不可能。经过努力，她最终获得了加州大学艺术博士学位，她用她的手当画笔，以色彩告诉人"寰宇之力与美"，并且灿烂地"活出生命的色彩"。

"请问黄博士，"在一次讲座上，一个学生问她，"你从小就长成这个样子，请问你怎么看你自己？你都没有怨恨吗？"

"我怎么看自己？"美廉用粉笔在黑板上重重地写下这几个字。她写字时用力极猛，有力透纸背的气势，写完这个问题，她停下笔来，歪着头，回头看着发问的同学，然后嫣然一笑，回过头来，在黑板上龙飞凤舞地写了起来：

我好可爱！

我的腿很长很美！

爸爸妈妈这么爱我！

上帝这么爱我！

我会画画！我会写稿！

我有只可爱的猫！

还有……

台下，所有的人都沉默了，面对众人的沉默，她在黑板上写下了她的结论："我只看我所有的，不看我所没有的。"掌声响起。有一种永远也不被击败的傲然，写在她的脸上。

的确，人生短暂，我们赤条条地来，又赤条条地去，何必物欲太强，贪占身外之物？"身外物，不奢恋"是思悟后的清醒，它不但是超越世俗的大智大勇，也是放眼未来的豁达襟怀。谁能做到这一点，谁就会遇事想得开，放得下，活得轻松，过得自在。

《伊索寓言》讲述了这样一则故事：

有一次，孙子和祖父进林子里去捕野鸡。祖父教孙子用一种捕猎机，它像一只箱子，用木棍支起，木棍上系着的绳子一直接到他们隐蔽的灌木丛中。野鸡受撒下的玉米粒的诱惑，一路啄食，就会进入箱子，只要一拉绳子就大功告成了。支好箱子藏起来不久，就有一群野鸡飞来，共有9只。大概是饿久了的缘故，不一会儿就有6只野鸡走进了箱子。孙子正要拉绳子，可转念一想，那3只也会进去的，再等等吧。等了一会儿，那3只非但没进去，反而走出来3只。

孙子后悔了，对自己说，哪怕再有一只走进去就拉绳子。接着，又有两只走了出来。如果这时拉绳，还能套住一只。但孙子对失去的好运不甘心，心想着还会有些野鸡要回去的，所以迟迟没有拉绳。

结果，连最后那一只也走了出来。孙子一只野鸡也没有捕到。

贪婪总是幸福的大敌。要想真正获得幸福，就要学会淡定，学会知足。

人生怎么样就看你自己怎么看，是贫穷还是富有，是黑白还是彩色，都在于你自己。如果你能接受自己所有的缺憾，接收这份不完整的生命赐予，那么你就能更快乐地活着。对于生命的苦难，我们不能把它当成"谁"的错。接受自己，接受现实，相信我已富有、已完美，生命将无憾。

抱怨不如改变

在现实中，我们难免要遭遇挫折与不公正的待遇，每当这时，有些人往往会产生不满，不满通常会引起牢骚，希望以此引起更多人的同情，吸引别人的注意力。从心理角度讲，这是一种正常的心理自卫行为。但这种自卫行为也是许多人心中的痛，牢骚、抱怨会削弱责任心，降低工作积极性，这几乎是所有人为之担心的问题。

通往成功的征途不可能一帆风顺，遭遇困难是常有的事。事业的低谷、种种的不如意让你仿佛置身于荒无人烟的沙漠，没有食物也没有水。这种漫长的、连绵不断的挫折往往比那些虽巨大却可以速战速决的困难更难战胜。在面对这些挫折时，许多人不是积极地去找一种方法化险为夷，绝处逢生，而是一味地急躁，抱怨命运的不公平，抱怨生活给予他的太少，抱怨时运的不佳。

奎尔是一家汽车修理厂的修理工，从进厂的第一天起，他就开始喋喋不休地抱怨，"修理这活儿太脏了，瞧瞧我身上弄的""真累呀，我简直讨厌死这份工作了"……每天，奎尔都在抱怨和不满的情绪中度过。他认为自己在受煎熬，就像奴隶一样卖苦力。因此，奎尔每时每刻都窃视着师傅的眼神与行动，稍有空隙，他便偷懒耍滑，应付手中的工作。

转眼几年过去了，当时与奎尔一同进厂的三个工友，各自凭着精湛的手艺，或另谋高就，或被公司送进大学进修，独有奎尔，仍旧在抱怨声中做他讨厌的修理工。

提及抱怨与责任，有位企业领导者一针见血地指出："抱怨是失败的一个借口，是逃避责任的理由。这样的人没有胸怀，很难担当大任。"仔细观察任何一个管理健全的机构，你会发现，没有人会因为喋喋不休的抱怨而获得奖励和提升。这是再自然不过的事了。想象一下，船上水手如果总不停地抱怨：这艘船怎么这么破，船上的环境太差了，食物简直难以下咽，以及有一个多么愚蠢的船长。这时，你认为，这名水手的责任心会有多大？对工作会尽职尽责吗？假如你是船长，你是否敢让他做重要的工作？

　　如果你受雇于某个公司，发誓对工作竭尽全力、主动负责吧！只要你依然还是整体中的一员，就不要谴责它，不要伤害它，否则你只会诋毁你的公司，同时断送了自己的前程。如果你对公司、对工作有满腹的牢骚无从宣泄时，做个选择吧。一是选择离开，到公司的门外去宣泄，当你选择留在这里的时候，就应该做到在其位谋其政，全身心地投入公司的工作上来，为更好地完成工作而努力。记住，这是你的责任。

　　一个人的发展往往会受到很多因素的影响，这些因素有很多是自己无法把握的，工作不被认同、才能不被重用、职业发展受挫、上司待人不公平、别人总用有色眼镜看自己……这时，能够拯救自己走出泥潭的只有自己，与其抱怨不如去改变。

　　比尔·盖茨曾告诫初入社会的年轻人：社会是不公平的，这种不公平遍布于个人发展的每一个阶段。在这一现实面前任何急躁、抱怨都没有益处，只有坦然地接受这一现实并努力去寻求改变的方法，才能扭转这种不公平，使自己的事业有进一步发展的可能。

抱怨是对自己的失责

抱怨是对自己的一种失责。日常生活中我们听到的抱怨有层次高低之分。有人把抱怨分为低级抱怨、高级抱怨和超级抱怨。所谓低级抱怨，是指因为基本的生存需要得不到满足而产生的抱怨，比如工资不够高、生活很劳累、工作环境恶劣，等等；高级抱怨则涉及人的自我尊重和自我价值的肯定等问题，比如自己没有得到领导的肯定，没有发挥能力的机会、自己的付出得不到家人的认同，等等；超级抱怨往往是对整体环境而言的，比如对于整个社会正义的期待等，抱怨者往往有一种忧患人世的危机感，抱怨社会并不像他所想象的那般美好。

在温饱已不成问题、社会飞速发展的今天，我们见到的多是其中的高级抱怨和超级抱怨，这些抱怨一般指向家庭和工作上的不满，而抱怨者又以女性居多。

"我哪点比她差？她的长相不如我，身材不如我，工作也不如我，为什么他会看上她，真是气人。"

"你看，我和她都是做一样的工作，我们的业绩都是不相上下，而我的资历还比她老，凭什么提拔她做经理？"

"看人家爱丽丝，都已经开上豪华跑车了，可是我呢，什么都没有，你和她老公是同学，你怎么就差别人那么远呢？"

"为了这个家我付出了多少啊，每天都操劳这操劳那的，到头来你却说我不够体贴温柔，这日子没法过了。"

其实，很多人的抱怨是来自自己的不独立，由于从小受到传统观念的熏陶，我们既渴望生活带给我们发现自我和实现自我的机会，以维护自己的尊严，又不愿意承担过多的责任，害怕承担责任产生的紧张、压力和不稳定。我们常常把自己的幸福寄托在别人的身上，当别人无法给自己带来满足时，就会大大折损我们的幸福感，于是，就开始抱怨别人、抱怨生活。

抱怨其实是怯弱无能的表现。凡是有能力的人，无论遇到困难，还是陷入不利的境遇，总是能冷静地考虑对策，依靠自己的努力征服困难，扭转被动局面；而懦弱无能的人，碰到一点儿小小的困难都会束手无策。因为没法依靠自己的力量和智慧去战胜困难，所以就免不了怨天尤人，牢骚满腹。

美国心理学家艾利斯说："生命中最幸福的时刻，就是你认清自己该担负责任的时刻；你不会再责怪你的母亲、大自然或者总统，你开始了解自己才是命运的主宰。"种种抱怨都来自对他人的过分依赖，过于看重别人的态度，而忽视了自己的感受。

每个人都要对自己的人生负责，人生中的各种滋味，只有自己才能品尝，人生中的成功和快乐，只有自己能找到。遇到烦恼的事情，无须怨天尤人，不要把失意与挫败归咎于不幸的童年、教育的不当、家庭的贫穷或老天爷不开眼，那些因素只是诱发烦恼的外因，而自身的个性心理弱点才是导致烦恼的根本原因。

依赖的心理如同一张无形的罗网束缚着人们的心灵，勇敢地迈出第一步，勇敢地为自己的行为负责，要知道当你对自己的行为负责时，才会让你找到理想的解决方案，你所抱怨的事情也才会纷纷化解，抱怨也才能远离你。当然，你的生命也会因为有了这样的历练而丰富美丽。

抱怨就是蒙上了幸福的眼睛

抱怨是最消耗能量的无益举动。有时候，我们的抱怨不仅会针对人，还会针对不同的生活情境，表示我们的不满。是的，生活有不少的烦心事。不仅外部环境让我们抱怨，我们还不断地抱怨我们自己。比如时间不够用，钱不够花，不够聪明、不够冷静，反正什么看上去都不够好。

但是，这些抱怨有用吗？抱怨改变了原本的状况吗？

有一则古老的寓言，或许可以给我们一些启示。有一个年轻的农夫，划着小船给另一个村子的居民运送自家的农产品。那天的天气酷热难耐，农夫汗流浃背，苦不堪言。他心急火燎地划着小船，希望赶紧完成运送任务，以便在天黑之前能返回家中。突然，农夫发现前面有一只小船沿河而下，迎面向自己快速驶来。眼见两只船就要撞上了，但那只船并没有丝毫避让的意思，似乎是有意要撞翻农夫的小船。

"让开，快点儿让开！你这个白痴！"农夫大声地向对面的船吼叫道，"再不让开你就要撞上我了！"但农夫的吼叫完全没用，尽管农夫手忙脚乱地企图让开水道，但为时已晚，那只船还是重重地撞上了他的船。农夫被激怒了，他厉声斥责道："你会不会驾船，这么宽的河面，你竟然撞到了我的船上?！"当农夫怒目审视对方小船时，他吃惊地发现，小船上空无一人。听他大呼小叫，厉言斥骂的只是一只挣脱了绳索、顺河漂流的空船。在多数情况下，当你责难、怒吼的时候，你的听众或许只是一艘空船。那个一再惹怒你的人，决不会因为你的斥责而改变他的航向。

当然，你完全不必去讨好这个人，也没必要和他达成一致意见，甚至你继续厌烦他也都无妨。但你一定要清楚，不能让他制造的麻烦转而成为你的烦恼。无论你为此多么愤怒，他不会为你而失眠的。如果因为他的过错而使你陷入无尽的烦闷与悲伤之中，你就成了那唯一的一个受到伤害的人，而且，是你自己在强化这种伤害的深度和长度。

没有一成不变，抱怨不如接受

生活总是在不断地变化着，不管你愿意不愿意。即使你不接受变化，事实也不会因你的意愿而改变。变化、成长是必然的，因为生活的目的就在于此。

吉米家的浴缸里养着4条小金鱼，这是父母送给他的生日礼物。吉米很喜欢这4条小金鱼，只要一有时间就站在旁边看小金鱼。

有一天，他发现鱼缸中的水看上去很混浊，玻璃上覆盖着一层膜。吉米告诉了母亲，母亲笑着说，这是很自然的——金鱼缸需要清理了。

吉米看过好朋友怎样清洁鱼缸，于是，他往洗澡的浴缸里放了一池冷水，然后轻轻地放低鱼缸，直到 4 条金鱼游出肮脏的鱼缸里的水，游进了浴缸里。

接下来，吉米开始擦洗玻璃鱼缸，直到把它擦得明亮为止。

但是，当吉米跪在浴缸旁查看他的金鱼时，他看到了一个奇怪的现象：即使是在 4 英尺长、3 英尺宽的浴缸里，4 条小金鱼始终在吉米原来放置它们的那一小圈里游。

"妈妈，快来看金鱼！"吉米大叫。

妈妈好奇地走进浴室，不知道吉米在嚷什么。

"为什么金鱼总在这一个小圈里游，而不在整个浴缸呢？"吉米好奇地问。

吉米的妈妈微笑着回答说："因为它们不知道它们在浴缸里，它们认为它们还是在之前那个小玻璃缸里呢，它们已经习惯了。"故事很简单。其实，我们很多人就如同吉米的那些小金鱼一样，虽然我们也有变化的机会，但我们还是决定原地不动，还是在我们的小圈圈里生活。我们总是会选择自己所熟悉的环境，而不选择那些生疏的环境。

然而，世界上没有什么是一成不变的，环境总是会改变的，人也总是会变。

有的人总是喜欢计划，为自己计划着下一步要做什么，其"无知"永远都无法跟上"变化"的脚步。很多人曾经为了自己的"计划"费尽心力。殊不知，"变化"也就被这样无情地扼杀掉了。

我们为什么对发生在自己身上和周围人的一切变化难以忍受呢？是因为抗拒变化，让我们一直活在假象的谎言中还是因为害怕

"变化"，从而使得我们快乐不起来呢？

人应该学会在变化中成长，人应该勇敢地面对新的变化给自己带来的变革和挑战，学会在不确定性中努力适应，因为变化会使自己更加觉醒、更加成熟、更加自信！

一个朋友因为女儿的残疾而痛苦不堪，那个时候，她一味地沉浸在痛苦之中，没有注意到任何生活中美丽的地方，只觉得女儿很不幸，她的生活也非常不幸。当她走出这个抱怨的怪圈，获得了内心的解放时，她才渐渐地体会到生活中一般人经历不到的温暖。

其实，人们对变化感到恐惧甚至痛苦是很自然的反应，因为这意味着我们要从舒适区跳出来，要暂时脱离那种熟悉的环境所带给我们的安全感。比如，从从来不想向你的丈夫表达你的感觉，到告诉他你的感觉；从一个低调的雇员，变成肩负着更多责任的公司老板；从一个腼腆安静的人，变为一个主动和别人交往的人；从一个上中学以来就梳一个发型的人，到做一个完全和以前不一样的造型。

我们要明白，如果我们拒绝变化，那么这将会贬低自己的成长。变化对成长是必要的、不可避免的。成长的机械性是变化的过程，简单地说，如果成长是你想旅行的路，那么变化就是从一个地方到另一个地方的交通工具。虽然不见得旅途是舒适的，但并不意味着你就该从车上下来。

生活总是在不断地变化着，有的人会不断地创造幸福，而有的人明明幸福就在身边，却毫无察觉。如果每个人都勇于接受变化，快乐地情愿地变化，就会感受到变化带来的幸福。

不抱怨是一种智慧

　　在生活中，我们的身边充满了各种各样的抱怨：抱怨孩子不懂事，抱怨家人不体谅自己，抱怨付出多、薪水低，抱怨上级不公平，抱怨公司制度不合理，抱怨人生不如意……有的抱怨是我们说给别人听的，有的抱怨是别人说给我们听的。但是，几乎没有人抱怨过自己：我为什么会有这么多的抱怨呢？

　　抱怨就像思维的一种慢性毒药。在我们的大脑中毒的同时，我们的人生态度、行动被"抱怨"这种强烈的病毒感染。在抱怨的生活中，我们的意志不断受到消磨，就像可以"溃堤"的蚂蚁一样，精神之堤瞬间被生活的洪水化为乌有。

　　我们就像陷入了抱怨的泥潭，无法自拔……在抱怨中找不到灵魂的出路，囿于抱怨的牢房，不知道如何走出抱怨的世界，给自己一个完美的世界。

　　葡萄牙作家费尔南多·佩索阿说："真正的景观是我们自己创造的，因为我们是它们的上帝。我对世界七大洲的任何地方既没有兴趣，也没有真正去看过。我游历我自己的第八大洲。"就像费尔南多·佩索阿说的那样，在生活中，我们才是自己的上帝，我们在创造自己的完美世界。

　　抱怨还是一种消极的行为方式，因为抱怨表达的是消极信息：挑剔、不满、埋怨、懊悔、烦恼、愤怒，等等，人在抱怨之后并不是轻松了，而是更生气了，而且不仅自己生气，周围的人也跟着不高兴。心理学研究表明，消极情绪会造成免疫力下降，时间长了就容易生病。相反，积极情绪会提高人的免疫力。消极情绪就像黑暗，而积极情绪才是阳光。

　　抱怨是最消耗能量的无益举动。有时候，我们不仅会针对人，也会针对不同的生活情境表示不满；如果找不到人倾听我们的抱怨，我们还会在脑海里抱怨给自己听。神奇"不抱怨"运动，来得恰是时候，正是我们现代人最需要的。我们可以这样看，天下只有三种事：我的事，他的事，老天的事。抱怨自己的人，应该试着学习接纳自己；抱怨他人的人，应该试着把抱怨转成请求；抱怨老天的人，请试着用祈祷的方式来诉求你的愿望。这样一来，你的生活会有想象不到的大转变，你的人生也会更加的美好、圆满。

　　不抱怨是一种智慧，因为你会发现，只有我们才是拯救自己的上帝。远离抱怨的世界，我们才能在自己生活的原点改变自我，发现一个全新的自己，从而改变自己的命运，收获成功的喜悦和幸福的生活。

图书在版编目 (CIP) 数据

一生气你就输了 / 连山编著 . — 北京 : 中国华侨出版社 , 2017.12(2024.6 重印)

ISBN 978-7-5113-7133-1

Ⅰ . ①一⋯ Ⅱ . ①连⋯ Ⅲ . ①人生哲学—通俗读物Ⅳ . ① B821-49

中国版本图书馆 CIP 数据核字（2017）第 271185 号

一生气你就输了

编　　著：连　山
责任编辑：唐崇杰
封面设计：施凌云
美术编辑：牛　坤
经　　销：新华书店
开　　本：880mm × 1230mm　1/32 开　印张：8.5　字数：180 千字
印　　刷：三河市众誉天成印务有限公司
版　　次：2018 年 1 月第 1 版
印　　次：2024 年 6 月第 10 次印刷
书　　号：ISBN 978-7-5113-7133-1
定　　价：36.00 元

中国华侨出版社　北京市朝阳区西坝河东里 77 号楼底商 5 号　邮编：100028
发 行 部：（010）88893001　　　传　真：（010）62707370